高等数学杂谈

孙家永　著

西北工业大学出版社

【内容简介】 本书特别着重于基本概念之论述,是作者长期从事数学教学工作的心得与经验之精华.全书包括 100 个小题目,每个小题目有 1~2 个新鲜的内容,其中大部分是一般书中很难见到的,经作者提取消化,并加了自己的见解而得的,也有少部分是作者独创的.取材以对学生有用、能看懂且深、广度大体符合教学基本要求为原则.

本书是理、工科院校一年级师生的一本别开生面的数学参考书.

图书在版编目(CIP)数据

高等数学杂谈/孙家永著 .—西安:西北工业大学出版社,2012.2
ISBN 978 - 7 - 5612 - 3322 - 1

Ⅰ.①高… Ⅱ.①孙… Ⅲ.①高等数学—高等学校—教学参考资料 Ⅳ.①O13

中国版本图书馆 CIP 数据核字(2012)第 029590 号

出版发行:西北工业大学出版社
通信地址:西安市友谊西路 127 号　　邮编:710072
电　　话:(029)88493844　88491757
网　　址:www.nwpup.com
印　刷　者:陕西向阳印务有限公司
开　　本:850 mm×1 168 mm　　1/32
印　　张:4.375
字　　数:109 千字
版　　次:2012 年 2 月第 1 版　　2012 年 2 月第 1 次印刷
定　　价:16.00 元

前　言

　　我的老学长潘鼎坤教授要我为学习高等数学的同学写些易看易懂的东西,我同意了.但是写些什么呢? 现在各种习题题解、辅导材料、考研指南等已经很多,用不到再写了.写些澄清基本概念、加强基本功力、提高数学素养的东西,虽然很有必要,我也愿意写,但长篇大论,往往枯燥无味,怎么办? 苦想了许久,觉得还是写杂谈为好,这样一本书就可以分成许多题目,每个题目只讲 1~2 个新鲜内容,易于阅读,并且都以谈话的方式出现,既轻松,又随便,可能会使学生乐意看些.我挑选的题目专拣那些学生容易搞错,或者容易有疑问,或者有较大帮助的内容,并不面面俱到.所以,虽然这些题目大体上也有一个体系,但基本上还是很松散,像一盘休闲果子那样,同学们可以随意挑来吃,吃不了的,暂时剩下,以后再吃,日积月累,有毅力的同学总有一天把这盘果子都吃完,到那时,他们将会在高等数学方面,有着比学习教材更多的体会与提高,这也是我深切期望与感到欣慰的了.

　　这本书是我长期从事数学教学工作的心得与经验之精华,也非常值得高等数学教师参考.

孙家永

2004 年国庆前夕于西安

补 记

　　2011 年 7 月 25 日整理旧资料时，发现了 2004 年所写的书稿《高等数学杂谈》，重审了一遍，觉得内容并不过时，就只将少数几处做了修改. 修改后又一再重审许多遍，觉得大部分谈得是合适的，但有小部分内容还有些难度，我不想将它们删去了，因为克服困难就是进步，学习的道路总不是都平坦的.

孙家永

2011 年 8 月

目 录

1. 什么是实数?

在高等数学教材中,虽然经常和实数打交道,但却几乎都不说什么是实数.那么什么是实数呢? 简单地说,实数就是无尽小数.

例如:

$$\frac{12}{3} = 4.000\ 0\cdots, \qquad \frac{17}{5} = 3.400\ 0\cdots$$

$$\frac{20}{7} = 2.857\ 142\ 857\ 142\ 857\ 142\cdots$$

都是无尽小数.因此,它们都是实数,但这些无尽小数都循环,我们称这种实数为有理数,它们是我们很早就熟悉的一种实数.

$$\sqrt{2} = 1.414\cdots, \qquad \pi = 3.141\ 59\cdots, \qquad e = 2.718\ 28\cdots$$

也都是无尽小数.因此,它们也都是实数,但这种无尽小数不循环,我们称这种实数为无理数.这又是一种实数,实数只有有理数和无理数两种.

2. 实数有哪些根本特性?

实数之间有四则运算、顺序关系,以及它们的有关规律.这些都和我们所熟悉的有理数的情形完全相同,这叫实数的代数特性.了解这些代数特性,对实数的特性也就了解得差不多了,但是实数还有一个在高等数学中非常重要的特性.这就是所有实数能填满整个数轴.这叫实数系统的完备性,也可以说成是实数的几何特性,它也是实数能与数轴上的点一一对应的依据,实数的代数特性及几何特性就是实数的最根本的特性.实数的其他性质都是由这些根本特性推出来的.

3. 什么叫实数的 Dedkind 性质？

这个性质是在高等数学中很有用的一个性质，是由 Dedkind 首先提出来的，所以叫 Dedkind 性质.

若非空的实数集 E 有上界 m（即 $m \geqslant E$ 中任一数），则 E 必有最小的上界 l（即 l 是 E 的上界，但小于 l 之数就不是 E 的上界）.

证　所有实数可以分成两个互斥部分，一部分是 $M = \{z \mid z \geqslant$ 所有 $x \in E\}$，即 M 是所有 E 的上界组成的部分，另一部分是

$$L = \{y \mid y < \text{某个 } x \in E\}$$

小于 E 中任一个数的数都属于 L；L, M 都非空集，且

(1) 在数轴上，M 位于 L 之右，因为任何 $y \in L$ 必小于某个 $x \in E$，所以集合 L 中的数必小于集合 M 中之任何数；

(2) 在数轴上，L 不可能有最右点，因为如 L 有最右点 y，则 $y <$ 某个 $x \in E$，但 $y < \dfrac{y+x}{2} < x$，故 $\dfrac{y+x}{2} \in L$，矛盾.

现在，如 M 无最左点，则 L 与 M 之间至少要空掉一点，与 $L \bigcup M$ 填满整个数轴矛盾，如图 1 所示.

$$\underset{\text{图 1}}{\overset{L \quad\;\; M}{\rule{1cm}{0.4pt}\circ\rule{1cm}{0.4pt}}}$$

所以 M 必须有左端点 l，这 l 就是 E 的所有上界中的最小者，故 E 有最小的上界 l. E 的最小上界，通常记为 $\sup E$.

同理，若非空的实数集 E 有下界，则 E 必有最大的下界，E 的最大下界，通常记为 $\inf E$.

4. 什么叫 $\pm\infty$？

$\pm\infty$ 都是为了便于讨论极限而引进的理想数，它们都不是实数. 对它们都不能进行任何运算. 我们只设想 $+\infty$ 大于任何实数 a，记作 $+\infty > a$ 或 $a < +\infty$；$-\infty$ 小于任何实数 a，记作 $-\infty < a$ 或 $a > -\infty$. $\pm\infty$ 分别对应于数轴正向和负向的无穷远点.

5. 为什么要把$(a-\delta,a+\delta)\backslash\{a\}$叫做$a$的净邻域?

$(a-\delta,a+\delta)\backslash\{a\}$ 在英文中为 deleted neighborhood of a,指的是除掉了 a 的 a 的邻域. a 的邻域里除掉了 a 就是清一色的 a 的邻近点了,所以叫净邻域. 这样,把$(M,+\infty),(-\infty,-M)$分别叫做$+\infty$的净邻域、$-\infty$的净邻域,就没有什么可奇怪的了.

有一次我不小心把 a 的净邻域,说成了 a 的去心邻域. 稍后,在讲到 $\pm\infty$ 的净邻域时,就使同学产生了困扰. 以后,我就不讲去心邻域这个名词了. 我把 a 的净邻域记作 $N^0(a)$,如需要说明这净邻域的半径是 δ,就记作 $N^0_\delta(a)$. 这和通用教材的记法不同,它是从德文来的. 这里用 $N^0(a)$ 的是从英文来的.

6. 函数的新定义

在探讨函数定义之前,先咬文嚼字说些术语. 量是指在研究过程中可以取为数的东西. 这个数就叫这个量取得的值,如果这个量在研究过程中所取的值都不改变,就叫常量,常量常用字母 $a,b,c\cdots$ 来表示;如果这个量在研究过程中所取的值可以改变,就把它叫做变量,变量常用字母 $x,y,z\cdots$ 来表示.

在 18 ~ 19 世纪,数学界已经研究了一些函数但还不能把握住函数的宽泛定义,甚至大数学家 Euler 还说函数是解析表达式,直到罗巴切夫斯基开始提出了函数的定义,并且逐渐得到了数学界的承认. 现今的高等数学中都沿用这个定义. 即:

设 x 和 y 是两个变量,D 是一个给定的数集,如果对于每个 x 在 D 中所取的值,变量 y 按照一定的法则,总有唯一确定的数值与之对应,则称 y 是 x 的函数,记作 $y=f(x)$,确定在 D 上,并把 D 称为它的定义域.

而我却有一个离经叛道的新定义(这也是现代数学的定义):

一个量,如果它的值随着另一个变量 x 在某个给定数集 D 中所取之值而唯一确定,那么就把这个量叫做另一个变量 x 的函数,记作 $f(x)$,确定在 D 上(x 叫自变量,D 叫此函数的定义域).

比较这两种定义可见,新定义把老定义中最令人费解的"按照一定法则"去掉了,使得函数的定义很干净利落.

由于新定义的函数,并不管函数是按照什么法则随 x 之值而相应地唯一确定的,所以它比老定义的函数更宽泛. 例如,火车从始发站开出,它的速度 v 及离发站的距离 d 都随时间 t 之确定而唯一确定,所以照新定义,v,d 都是 t 的函数,确定在发车时刻到到达站时刻的区间上;照老定义,就什么都不好说,当然不方便.

但是新定义下的函数,如果不知道函数之值是如何随自变量之值而定的法则(简称函数的定值法则),也很难作深入研究,所以我们要再谈函数的定值法则问题.

照新定义,一个量,如果它的值随着自变量在 D 中所取之值而唯一确定,那么这个量就叫自变量的函数,当它还有一个从自变量的值来决定它的相应之值的法则时,这个量就成了老定义下的函数. 所以,也可以说,新定义下的函数,有了定值法则,也就是老定义下的函数,但是新定义下的函数,再让它有定值法则,讲起来,条理清楚,更容易为同学所接受.

7. 函数有哪些基本运算?

要讲函数的定值法则,必须先讲函数的基本运算,因为函数的定值法则离不开函数的基本运算.

不管新定义还是老定义下的函数都有 5 种基本运算,即加、减、乘、除及复合.

两个 x 的函数之间的加、减、乘、除运算.

设 $f_1(x)$ 确定在 D_1 上,$f_2(x)$ 确定在 D_2 上,则 $f_1(x) \pm f_2(x)$,$f_1(x)f_2(x)$ 是一个 x 的函数,确定在 $D_1 \bigcap D_2$ 上,因为对 x 在

$D_1 \bigcap D_2$ 上所取的值,$f_1(x) \pm f_2(x)$,$f_1(x) f_2(x)$ 都有唯一确定之值,$f_1(x)/f_2(x)$ 也是一个 x 的函数,确定在 $D_1 \bigcap D_2 \backslash \{x \mid f_2(x) = 0\}$ 上. 因为对 x 在 $D_1 \bigcap D_2 \backslash \{x \mid f_2(x) = 0\}$ 所取之值,$f_1(x)/f_2(x)$ 都能有唯一确定之值.

另外,还有一种叫复合的基本运算,它和两个 x 的函数的加、减、乘、除不同,它是把一个 u 的函数 $f(u)$ 中的 u 以 $u = g(x)$ 代入而得的函数.

设 $f(u)$ 确定在 E 上,$g(x)$ 确定在 D 上,将 $f(u)$ 中之 u 代以 $u = g(x)$ 可得

$$f(u)\mid_{u = g(x)} = f(g(x))$$

它为 x 的函数,确定在 $D \bigcap \{x \mid u = g(x) \in E\}$ 上,因为对 x 在 $D \bigcap \{x \mid u = g(x) \in E\}$ 中所取之值

$$f(u)\mid_{u = g(x)} = f(g(x))$$

都有唯一确定之值.

在 $f(u)\mid_{u = g(x)} = f(g(x))$ 中,u 就称中间变量.

实用中一些比较复杂的函数往往由一些简单函数通过基本运算而得到. 所以,今后在考虑较复杂函数之极限、连续及导数时,我们都利用一些相应的定理,将它们归结为考虑一些简单函数的情况,来加以解决.

8. 函数的定值法则及基本初等函数

通常实用中碰到的绝大部分函数都是在数轴上,或几个区间上可以写成表 1 所列简单函数及常数(常函数),经基本运算而得的结果. 可以这样写的函数称为可简单表达的函数或可分段简单表达的函数.

简单函数表见表 1(表中所列函数,统称基本初等函数).

表 1　基本初等函数

x^μ(称幂函数),在初等函数里,已经知道它确定在 I 上,则

$$I = \begin{cases} (-\infty,+\infty),当 \mu > 0 且分母是奇数的分数时; \\ [0,+\infty),当 \mu > 0 且分母不是奇数的分数时; \\ (-\infty,+\infty)\backslash\{0\},当 \mu < 0 且分母是奇数的分数时; \\ (0,+\infty),当 \mu < 0 且分母不是奇数的分数时 \end{cases}$$

$a^x(a \neq 1,$称指数函数),确定在$(-\infty,+\infty)$上

$\log_a x(a \neq 1,$称对数函数),确定在$(0,+\infty)$上

$\cos x,\sin x$(称三角函数),确定在$(-\infty,+\infty)$上

$\cos^{-1} x,\sin^{-1} x,\tan^{-1} x,\cdots$(称反三角函数),分别确定在$[-1,1],[-1,1],(-\infty,+\infty),\cdots$上

基本初等函数的图形如图 2 至图 6 所示.

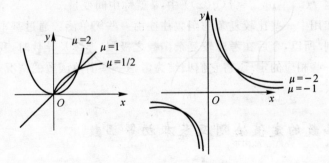

图 2　幂函数 $y = x^\mu$ 的图形

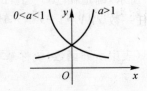

图 3　指数函数 $y = a^x(0 < a \neq 1)$ 的图形

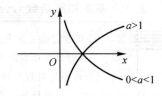

图 4 　对数函数 $y = \log_a x (0 < a \neq 1)$ 的图形

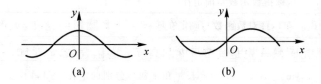

(a)　　　　　　　　　　(b)

图 5 　三角函数的图形

(a) $y = \cos x$ 的图形；　(b) $y = \sin x$ 的图形

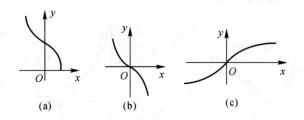

(a)　　　　　(b)　　　　　(c)

图 6 　反三角函数的图形

(a) $y = \cos^{-1} x$ 的图形；　(b) $y = \sin^{-1} x$ 的图形；　(c) $y = \tan^{-1} x$ 的图形

例 1　一个宽 1m,高 1m 的窗子,其采光面积 A,是其帘子卷起高度 x 的函数,如图 7 所示,确定在 $[0,1]$ 上,试表达此函数.

解　对 $[0,1]$ 中任一数 x,$A = 1 \cdot x = x$,所以 $A = x$,确定在 $[0,1]$ 上.

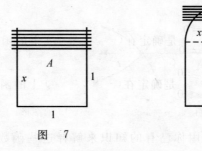
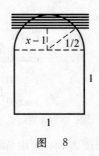

图 7　　　　　　　　　　图 8

例 2　如果例 1 的窗子上方还有一个半圆形的窗孔,如图 8 所示,其采光面积 A 也是其帘子卷起高度 x 的函数,确定在 $\left[0, \dfrac{3}{2}\right]$ 上,试表达此函数.

解　对 $[0,1]$ 中任一数 x,

$$A = 1 \cdot x = x$$

对 $\left[1, \dfrac{3}{2}\right]$ 中任一数 x,

$$A = 1 \times 1 + 2 \times \text{小直角三角形面积} + 2 \times \text{小扇形面积} =$$
$$1 + (x-1)\sqrt{\left(\frac{1}{2}\right)^2 - (x-1)^2} + \left(\frac{1}{2}\right)^2 \sin^{-1} \frac{x-1}{\frac{1}{2}}$$

或即　$A = \begin{cases} x, & 0 \leqslant x \leqslant 1 \\ 1 + (x-1)\sqrt{\left(\dfrac{1}{2}\right)^2 - (x-1)^2} + \\ \quad \left(\dfrac{1}{2}\right)^2 \sin^{-1} 2(x-1), & 1 \leqslant x \leqslant \dfrac{3}{2} \end{cases}$

当然,不从实用出发,函数的定值法则几乎是随心所欲的.例如,

$$f(x) = \begin{cases} 1, & x \text{ 为有理数} \\ 0, & x \text{ 为无理数} \end{cases}$$

是确定在 $(-\infty, +\infty)$ 上的函数(Dirichlet).

$$f(x) = \begin{cases} 1, & x > 0 \\ 0, & x < 0 \end{cases}$$

是确定在 $(-\infty, +\infty) \backslash \{0\}$ 上的函

数(Heviside).

$$f(x) = \begin{cases} 100, & x = 0 \\ 0, & x \neq 0 \end{cases} \text{是确定在}(-\infty, +\infty)\text{上的函数.}$$

$$f(x) = \begin{cases} x, & x \geqslant 0 \\ -x, & x < 0 \end{cases} \text{是确定在}(-\infty, +\infty)\text{上的函数.}$$

等等.

亲爱的读者,你能用你已有的知识来解释这些函数的实际背景吗?

9. 反函数及反函数存在定理

若变量 y 是变量 x 的函数,$y = f(x)$ 确定在 E 上,它的值域是 R. 对 R 中任一数 y,我们来求使 $f(x) = y$ 的 x,由于 $y = f(x)$ 确定在 E 上,其值域是 R,我们当然可以在 E 中求得一个使 $f(x) = y$ 的 x,但这样的 x 未必唯一. 所以还不能说 x 是 y 的函数. 确定在 R 上,我们还要些能保证 x 可以由 y 唯一确定的条件,最通常的充分条件是 $y = f(x)$ 在 E 上严格增(或减),在这种条件下,对任一 R 中的 y;在 E 中确定出使 $f(x) = y$ 的 x 必然是唯一的(因 x 不同,y 必不同). 所以 x 就是 y 的函数,确定在 R 上,这就叫反函数存在定理. 这定理中所得 x 为 y 的函数,称为 $y = f(x)$ 的反函数,记作 $x = f^{-1}(y)$. 它也是严格增(或减)的,针对反函数 $x = f^{-1}(y)$ 而言,我们也将 $y = f(x)$ 称为正函数. 显然,对 $x \in E$,我们有 $x = f^{-1}(f(x))$;对 $y \in R$,我们有 $y = f(f^{-1}(y))$.

$x = f^{-1}(y)$ 是第一个我们所见到的没有具体给出 x 是如何由 y 之值而定的法则的函数. 因此,考虑这种函数的极限、连续及导数时,都会有些特殊的处理方法(反函数定理). 现在只要记好,当 $y = f(x)$ 严格增(或减)时,$x = f^{-1}(y)$ 作为 $y = f(x)$ 的反函数是存在的,而不要被其他支节的东西所干扰.

10. 极限的直观认识及一些通常有用的定理

极限是各种变化过程中,函数值所无限接近之数(今后将无限接近记作"→",读作趋近),极限是研究微积分的基础.

我们通常要讨论的极限有 3 种:

(1) $x \rightarrow x_0$ 时,$f(x)$ 之极限.

(2) $x \rightarrow +\infty$ 时,$f(x)$ 之极限.

(3) $x \rightarrow -\infty$ 时,$f(x)$ 之极限.

这 3 种极限的讨论完全类似,要讨论函数的极限有个先决条件,那就是 $f(x)$ 必须在 x_0 邻近(或 $+\infty$ 的邻近,或 $-\infty$ 的邻近)能确定.

$1°$ $x \rightarrow x_0$ 时,$f(x)$ 的极限

先讨论最简单的情形,我们设 $f(x)$ 能在 x_0 的某个净邻域上确定.

若 x 以任何方式趋近 x_0,但 $x \neq x_0$ 时,$f(x)$ 都趋近某数 l(不排除有些 $f(x)$ 之值等于 l),简称 $x \rightarrow x_0$ 时,$f(x) \rightarrow l$,则称 l 为 $x \rightarrow x_0$ 时,$f(x)$ 之极限,记作 $\lim\limits_{x \rightarrow x_0} f(x)$. 由于 $x \rightarrow x_0$ 时,$f(x) \rightarrow l$ 和 $\lim\limits_{x \rightarrow x_0} f(x) = l$ 是一回事,所以除非一定要问函数的极限是什么,我们往往只说,函数趋近什么. 这里要特别注意 $x \rightarrow x_0$ 时,$f(x) \rightarrow l$ 并不排斥 $f(x)$ 可取值 l.

例 1   求 $\lim\limits_{x \rightarrow 1}(2x+1)$.

解   因为 $x \rightarrow 1$ 时,$(2x+1) \rightarrow 3$,所以 $\lim\limits_{x \rightarrow 1}(2x+1) = 3$.

例 2   求 $\lim\limits_{x \rightarrow 0} x\sin\dfrac{\pi}{x}$.

解   因为 $x \rightarrow 0$ 时,$x\sin\dfrac{\pi}{x} \rightarrow 0$,所以 $\lim\limits_{x \rightarrow 0} x\sin\dfrac{\pi}{x} = 0$.

(此例中,$x = \pm\dfrac{1}{n}$,$n = 1, 2, \cdots$ 时,$x\sin\dfrac{\pi}{x} = 0$)

例 3 求 $\lim\limits_{x\to 1}\dfrac{x^2-1}{x-1}$.

解 因为在 1 的净邻域上 $\dfrac{x^2-1}{x-1}=x+1$,且 $x\to 1$ 时,$x+1\to 2$.

所以 $x\to 1$ 时,$\dfrac{x^2-1}{x-1}\to 2$,即 $\lim\limits_{x\to 1}\dfrac{x^2-1}{x-1}=2$.

2° 关于 $x\to x_0$ 时,$f(x)\to l$,我们有一些通常有用的定理

局部估值定理 若 $x\to x_0$ 时,$f(x)\to l$,而 l 位于两个数 h,k 之间,则在 x_0 很近的邻近,$f(x)$ 也位在 h,k 之间.

因为 $x\to x_0$ 时,$f(x)\to l$,所以 x 和 x_0 离得很近时,$f(x)$ 就会离 l 很近,而位在 h,k 之间.

极限估计定理 若 $f(x)\leqslant m$,则 $x\to x_0$ 时,$f(x)$ 不会趋近一个大于 m 之数.

假如 $x\to x_0$ 时,$f(x)\to l>m$,则由局部估值定理,当 x 离 x_0 很近时,就有 $f(x)>m$,与假设 $f(x)\leqslant m$ 矛盾.

夹逼定理 若 $g(x),f(x),h(x)$ 都在 x_0 的某个净邻域上确定,$g(x)\leqslant f(x)\leqslant h(x)$,且 $x\to x_0$ 时,$g(x),h(x)\to l$,则 $x\to x_0$ 时,$f(x)\to l$.

和之极限定理 若 $x\to x_0$ 时,$f_1(x)\to l_1$,$f_2(x)\to l_2$,则 $x\to x_0$ 时,$f_1(x)+f_2(x)\to l_1+l_2$.

这个结果可以很直观地看出来,但不要忘了,我们现在所讨论的函数都是假设它们能在 x_0 的某个净邻域上确定的. 我们说,$x\to x_0$ 时,$f_1(x)\to l_1$,当然已设 $f_1(x)$ 能在 x_0 的某个净邻域 $N_1^0(x_0)$ 上确定,说当 $x\to x_0$ 时,$f_2(x)\to l_2$,当然已设 $f_2(x)$ 能在 x_0 的某个净邻域 $N_2^0(x_0)$ 上确定. 但是 $f_1(x)+f_2(x)$ 是不是能在 x_0 的某个净邻域上确定呢?原来并不知道,须要加以说明,显然,$f_1(x)+f_2(x)$ 能在 $N_1^0(x_1)\bigcap N_2^0(x)$ 这么一个 x_0 的净邻域上确定.

同理还有:

差(积)之极限定理 若 $x\to x_0$ 时,$f_1(x)\to l_1$,$f_2(x)\to l_2$,则 $x\to x_0$ 时,$f_1(x)-f_2(x)\to l_1-l_2$(或 $f_1(x)f_2(x)\to l_1 l_2$).

商之极限定理 若 $x \to x_0$ 时，$f_1(x) \to l_1$，$f_2(x) \to l_2 \neq 0$，则 $x \to x_0$ 时，$f_1(x)/f_2(x) \to l_1/l_2$.

这个结果的直观意义还是很明显的，我们要说明的还是 $f_1(x)/f_2(x)$ 为什么能在一个 x_0 的净邻域上确定，现在来说明一下：

因为 $x \to x_0$ 时 $f_2(x) \to l_2 \neq 0$，所以 l_2 必须在两个与 l_2 有同号之数 h, k 之间，因而 x_0 有一个很小的净邻域 $N_2^0(x_0)$，在此净邻域上，$f_2(x)$ 位于 h, k 之间，从而 $f_2(x) \neq 0$. 故 $f_1(x)/f_2(x)$ 能在 $N_1^0(x_0)$ $\bigcap N_2^0(x)$ 上确定.

复合函数求极限的定理是个很容易搞错的定理. 它不在于有没有说明复合函数能在 x_0 的某个净邻域上确定这种算不上错误的支节问题上，而是在于更严重的概念性问题上，甚至一些很有经验的教师也会搞错，有一位教师发表了一篇文章说，"要求复合函数 $f(u)$ $\mid_{u=g(x)} = f(g(x))$ 的极限很容易，先看 $x \to x_0$ 时，u 趋近什么，譬如说 l，再看 $u \to l$ 时，$f(u)$ 趋近什么，譬如说 m，则 $x \to x_0$ 时，复合函数 $f(g(x)) \to m$ 就是很明显的. 这样很好讲，也很容易被同学接受." 然而，他是讲错了，因为对于 $f(u) \mid_{u=g(x)} = f(g(x))$ 来说，是不能根据 $x \to x_0$ 时，$u \to l$ 及 $u \to l$ 时，$f(u) \to m$，得出 $f(g(x)) \to m$ 的结论的. 因为 $x \to x_0$ 时，如果 $u = g(x)$ 会无休止地取值 l，则 $f(g(x))$ 就会无休止地取值 $f(l)$，只要 $f(l) \neq m$，复合函数就不会有极限.

例如，若
$$f(u) = \begin{cases} 100, & u = 0 \\ 0, & u \neq 0 \end{cases}, u = g(x) = x\sin\frac{\pi}{2}, x \neq 0$$
则 $x \to 0$ 时，$u \to 0$，且 $u \to 0$ 时，$f(u) \to 0$.

但 $f(g(x)) = \begin{cases} 100, & x = \dfrac{1}{n}, n = \pm 1, \pm 2, \pm 3, \cdots \\ 0, & x \text{ 为其他值} \end{cases}$

当 $x = 1, \dfrac{1}{\sqrt{2}}, \dfrac{1}{2}, \dfrac{1}{\sqrt{3}}, \dfrac{1}{3}, \dfrac{1}{\sqrt{5}}, \dfrac{1}{4}, \dfrac{1}{\sqrt{7}}, \cdots$ 而 $g(x) \to 0$ 时，

$f(g(x)) \neq 0.$

因此复合函数之极限定理不能这么简单的说,一定要在 $x \to x_0$ 时 $u \to l$ 后面加上"而不无休止地等于 l"(即 x 到 x_0 的某空心邻域 $N^0(x_0)$ 内,$u \neq l$)才可以. 当然只要 $f(l) = m$,就不用在 $x \to x_0$ 时,$u \to l$ 的后面加话了. 这就是后面要讲到的 $f(u)$ 在 l 处连续,这时,$x \to x_0$ 时,$u \to l$ 后面可不加话.

11. 基本初等函数的极限

设 $f(x)$ 为一基本初等函数,确定在 D 上,x_0 为 D 的一个内点,则 $x \to x_0$ 时,$f(x) \to f(x_0)$.

这个命题可由各个基本初等函数的图形在 x_0 上方都是连续的看出来,有了这个结果以及函数和、差、积、商以及复合函数之极限定理就可以求可简单表达或可分段简单表达的函数在它们能确定之区间的内点处之极限.

例 试求 $x \to 1$ 时,$2x + x^3$ 趋近于多少.

解 $x \to 1$ 时,$2x + x^3 \to 2 \times 1 + 1^3 = 3.$

在这个题中,当我们把 $x \to x_0$ 时,$f(x) \to l$ 换成它的严格定义后,就可以通过严格定义来严格论证. 不过基本初等函数的极限论证起来,有些是很麻烦的. 所以一般高等数学教材中也不是每个都论证了.

12. $x \to x_0$(以任何方式),但 $x \neq x_0$ 时,$f(x) \to l$ 的严格定义

我们还是先讨论 $f(x)$ 能在 x_0 的某个净邻域上能确定的情形.

在极限的直观认识里,我们重点讲述了 $x \to x_0$ 但 $x \neq x_0$ 时,$f(x)$ 都趋近于某数 l 及一些常用定理. 由于怎样算是无限接近缺乏明确的界定,$x \to x_0$(以任何方式),但 $x \neq x_0$ 时,$f(x) \to l$ 是什么意

思也缺乏明确的界定,不能在此基础上展开严格论证,所以数学界曾长期追求 $x \to x_0$(以任何方式),但 $x \neq x_0$ 时,$f(x) \to l$ 的确切含义,或者说它的严格定义,经过许多教师不懈的努力,终于发现了.

若(B):对任一正数 ε,$|f(\pi) - l| < \varepsilon$ 的解集 S_ε(这里将解集写成 S_ε,是因为它是与 ε 有关的)都能包含一个 x_0 的净邻域 $N^0(x_0)$. 则(A):$x \to x_0$(以任何方式),但 $x \neq x_0$ 时,$f(x) \to l$.

因为对任一正数 ε,S_ε 都能包含一个 x_0 的净邻域,所以对于一个不管多么小的正数 ε,S_ε 也能包含一个 x_0 的净邻域. 不妨设它为 $N^0(x_0)$,当 $x \to x_0$(以任何方式),但 $x \neq x_0$ 时,x 必然要进入这个 $N^0(x_0)$,从而进入 S_ε,故 $|f(x) - l| < \varepsilon$. 既然 $x \to x_0$(以任何方式),但 $x \neq x_0$ 时,$|f(x) - l|$ 可变得比不管多么小的正数 ε 还小. 所以 $x \to x_0$(以任何方式),但 $x \neq x_0$ 时,$f(x) \to l$.

这也就是说(B)成立是(A)成立的充分条件.

从这说明可以见到(B)必须是对任一正数 ε,S_ε 都能包含一个 $N^0(x_0)$,才能说明 $x \to x_0$(以任何方式),但 $x \neq x_0$ 时,$|f(x) - l|$ 可变得比不管多么小的正数 ε 还小,才能说明 $f(x) \to l$,光是对某些正数 ε,S_ε 能包含一个 $N^0(x_0)$ 是不行的.

我发现(B)成立也是(A)成立的必要条件,(B)成立不了,(A)必然成立不了.把这点给说明清楚,使同学们知道(B)是(A)的充分必要条件,即有(B)必有(A),有(A)必有(B).这样把(A)换成(B)就没有问题了.

现在来说明(B)不成立,(A)必然不成立.这也就是说(B)成立是(A)成立的必要条件.

设对某个正数 ε_0,S_{ε_0} 不包含任何 $N^0(x_0)$,于是 S_{ε_0} 不包含某个 $N^0_{\delta_1}(x_0)$,即 $N^0_{\delta_1}(x_0^\delta)$ 中必有一数 x_1,使 $|f(x_1) - l| \geqslant \varepsilon_0$;同理,$S_{\varepsilon_0}$ 中必不包含某个 $N^0_{\delta_2}(x_0)$,其中 $\delta_2 < \dfrac{|x_1 - x_0|}{1 \times 2}$,即 $N^0_{\delta_2}(x_0)$ 中必有一数 x_2,使 $|f(x_2) - l| \geqslant \varepsilon_0$;再同理,$S_{\varepsilon_0}$ 中必不包含某个 $N^0_{\delta_3}(x_0)$,其中 $\delta_3 < \dfrac{|x_2 - x_0|}{3}$,即 $N^0_{\delta_3}(x_0)$ 中必有一数 x_3,使 $|f(x_3) - l| \geqslant$

ε_0；… 这样的 x_4, x_5，… 可一直找下去. 因为

$$|x_1 - x_0| > \frac{\delta_2}{1 \times 2} > \frac{|x_2 - x_0|}{1 \times 2} > \frac{\delta_3}{1 \times 2 \times 3} >$$

$$\frac{|x_3 - x_0|}{1 \times 2 \times 3} > \cdots > \frac{\delta_n}{n!} > \frac{|x_n - x_0|}{n!} > \cdots$$

所以，这样的 $x_1, x_2, \cdots, x_n, \cdots$ 都是不同的数，后一数比前一数更接近 x_0，且可无限地接近. 命 x 取 $x_1, x_2, \cdots, x_n, \cdots$ 这一系列之数的方式趋近于 x_0，而 $x \neq x_0$ 时，$f(x) \nrightarrow l$. 因为对任何 n，$|f(x_n) - l| \geqslant \varepsilon_0$. 这也就是说，(A) 是不成立的. 这样 (B) 是 (A) 的必要条件就说明了.

(A)，(B) 这两个等价的条件各有优缺点. (A) 有容易直观看出 $f(x)$ 趋近于什么的优点，但有缺少明确界定的缺点. (B) 虽然不能帮助我们看出 l 是什么，但却没有什么无明确界定的东西.

所以数学上把 (B) 当做 $x \to x_0$，但 $x \neq x_0$ 时，$f(x) \to l$ 的严格定义（即 $x \to x_0$ 时，$f(x)$ 的极限是 l 的严格定义），这也就是说：

若对任一正数 ε，$|f(x) - l| < \varepsilon$ 的解集 S_ε 都能包含一个 x_0 的净邻域，则 $x \to x_0$ 时，$f(x) \to l$（或 $x \to x_0$ 时，$f(x)$ 的极限是 l）.

换句话说，也就是：若对任一正数 ε，都能有一个 x_0 的净邻域 $N^0(x_0)$，当 $x \in N^0(x_0)$ 时，

$$|f(x) - l| < \varepsilon \quad (\text{即 } S_\varepsilon \supset N^0(x_0))$$

则称 $x \to x_0$ 时，$f(x) \to l$（或 $x \to x_0$ 时，$f(x)$ 的极限是 l）.

不讲清 (A)，(B) 的等价性总难免会造成许多同学的困惑不解：为什么一定要这么烦琐，简单点不行吗？

有些教师对同学不能接受极限的严格定义，听之任之，认为极限的一些常用定理，凭直观也能理解，何必一定要掌握严格定义，这无形中降低了对同学的要求.

13. $x \to \pm\infty$ 时，$f(x) \to l$ 的严格定义

对在 $\pm\infty$ 邻近能确定的 $f(x)$，当 $x \to \pm\infty$ 时，$f(x) \to l$ 的充要

条件是:对任一正数 ε,$|f(x)-l|<\varepsilon$ 之解集 S_ε 都能包含一个 $N^0(\pm\infty)$,这可用前面所用的类似方法说明,从而得出 $x\to\pm\infty$ 时,$f(x)\to l$ 之严格定义(或 $x\to\pm\infty$ 时,$f(x)$ 的极限是 l 之严格定义).

例如,试说明 $x\to+\infty$ 时,$f(x)\to l$ 之充要条件为对任意正数 ε,$|f(x)-l|<\varepsilon$ 之解集 S_ε 都能包含一个 $N^0(+\infty)$(设 $f(x)$ 能在 $(m_0,+\infty)$ 上确定,$m_0\geqslant 1$).

先说明充分性:既然对任意正数,$|f(x)-l|<\varepsilon$ 之解集 S_ε 都能包含一个 $N^0(+\infty)$,对不管多么小的正数 ε,S_ε 也能包含一个 $N^0(+\infty)$,当 $x\to+\infty$ 时,x 必然要进入这个 $N^0(+\infty)$,故必有 $|f(x)-l|<\varepsilon$,既然 $x\to+\infty$ 时,$|f(x)-l|$ 可以变得比不管多么小的正数 ε 还小,所以 $x\to+\infty$ 时,$f(x)\to l$.

再来说明对任何正数 ε,S_ε 都能包含一个 $N^0(+\infty)$,是 $x\to+\infty$ 时,$f(x)\to l$ 所必需的.

假如不是这样,那么总有某个正数 ε_0,使 S_{ε_0} 不能包含任何 $+\infty$ 的净邻域,于是,S_{ε_0} 必不能包含 $(m_1,+\infty)$,其中 $m_1>m_0\geqslant 1$,从而有 $x_1>m_1>1$,使 $|f(x_1)-l|\geqslant\varepsilon_0$.

S_{ε_0} 也必不能包含任何 $m_2>2x_1>2!$ 的 $+\infty$ 的净邻域,于是 S_{ε_0} 不能包含 $(m_2,+\infty)$,其中 $m_2>2x_1>2!$,从而有 $x_2>m_2>2!$,使 $|f(x_2)-l|\geqslant\varepsilon_0$.

同样,S_{ε_0} 也不能包含任何 $m_3>3x_2>3!$ 的 $+\infty$ 净邻域,于是 S_{ε_0} 不能包含 $(m_3,+\infty)$,其中 $m_3>3x_2>3!$,从而有 $x_3>m_3>3!$,使 $|f(x_3)-l|\geqslant\varepsilon_0$.

以此类推,可知对任何 n,都有 $x_n>nx_{n-1}>n!$,使 $|f(x_n)-l|\geqslant\varepsilon_0$.

令 x 取 $x_1,x_2,x_3,\cdots,x_n,\cdots$ 而无限增大时,$f(x)\nrightarrow l$,因为每个 $|f(x_n)-l|\geqslant\varepsilon_0$,说明完毕.

$x\to\pm\infty$ 时,$f(x)\to l$ 的一些常用定理和 $x\to x_0$ 时,$f(x)\to l$ 的一些常用定理,完全类似.

14. 限制性极限

设 E 是一个给定集合，$f(x)$ 能在 E 上确定，我们来看限制 $x \in E$，而 $x \to x_0$ 时，$f(x)$ 趋近于什么，我们假设 x_0 的任何净邻域里都有 E 的点. 因为如果有一个 x_0 的净邻域里没有 E 的点，那么限制 $x \in E$ 时，x 就根本不可能趋近于 x_0，数学上说，若 x_0 的任何净邻域里都有 E 的点，则把 x_0 叫做 E 的聚点，所以我们考虑限制 $x \in E$ 而 $x_0 \to x_0$ 时 $f(x)$ 趋近于什么，要假设 x_0 是 E 的聚点，有了这个假设，限制 $x \in E$ 而 $x \to x_0$ 时，$f(x) \to l$ 的含义，不仅在直观上清楚，其严格定义也很清楚.

若对任一正数 ε，都有一 $N^0(x_0)$，当 $x \in E$ 且 $\in N^0(x_0)$ 时，就能使 $|f(x) - l| < \varepsilon$，则称 $x \in E$ 而 $x \to x_0$ 时，$f(x) \to l$，或称 $x \in E$ 而 $x \to x_0$ 时，$f(x)$ 的极限是 l，记作 $\lim\limits_{\substack{x \to x_0 \\ x \in E}} f(x)$，它就表示 $x \in E$ 而 $x \to x_0$ 时，$f(x)$ 的极限.

例如，$\lim\limits_{\substack{x \to 0 \\ x \in J^{-1}}} \sin\dfrac{\pi}{x} = \lim\limits_{\substack{x \to 0 \\ x \in J^{-1}}} 0 = 0$（此处 $J^{-1} = \{\pm\dfrac{1}{1}, \pm\dfrac{1}{2}, \cdots\}$）

有关限制 $x \in E$ 而 $x \to x_0$ 时，$f(x) \to l$ 也有和 $x \to x_0$ 时，$f(x) \to l$ 类似的许多定理. 不过前提里有了 $x \in E$ 的限制，结论中也要有 $x \in E$ 的要求而已. 例如：

局部估值定理　若限制 $x \in E$ 而 $x \to x_0$ 时，$f(x) \to l$，而 l 位于两个数 h, k 之间，则在 x_0 邻近，$f(x)$ 也要位在 h, k 之间，但要限制 $x \in E$.

极限估计定理　若限制 $x \in E$ 时，$f(x) \leqslant m$，则限制 $x \in E$ 而 $x \to x_0$ 时，$f(x)$ 不会趋近于一个大于 m 之数.

夹逼定理　若限制 $x \in E$ 时，在 x_0 的某个净邻域上 $g(x) \leqslant f(x) \leqslant h(x)$，且限制 $x \in E$ 而 $x \to x_0$ 时，$g(x), h(x) \to l$，则 $x \to x_0$，$f(x) \to l$，但要限制 $x \in E$.

和之极限定理 若限制 $x \in E$ 而 $x \to x_0$ 时，$f_1(x) \to l_1$，$f_2(x) \to l_2$，则 $x \to x_0$ 时，$f_1(x) + f_2(x) \to l_1 + l_2$，但要限制 $x \in E$.

15. 限制性极限的两个有用的性质

(1) 若 $x \to x_0$ 时，$f(x) \to l$，则限制 $x \in E$ 而 $x \to x_0$ 时，$f(x) \to l$.

(2) 设 $E_1 \bigcup E_2 \supset x_0$ 的某个净邻域 $N^0(x_0)$，且 E_1，E_2 都以 x_0 为聚点，则 $x \to x_0$ 时，$f(x) \to l$ 之充要条件为限制 $x \in E_1$，而 $x \to x_0$ 时，$f(x) \to l$ 且限制 $x \in E_2$，而 $x \to x_0$ 时，$f(x) \to l$.

证 (1) 结论是很明显的，略.

(2) 必要条件部分由(1)立即可推得，只证充分条件部分.

对任一正数 ε，有 $N_1^0(x_0)$，使 $x \in E_1$，且 $x \in N_1^0(x_0)$ 时，有

$$|f(x) - l| < \varepsilon \tag{1}$$

有 $N_2^0(x_0)$，使 $x \in E_2$，且 $x \in N_2^0(x_0)$ 时，有

$$|f(x) - l| < \varepsilon \tag{2}$$

所以对 $N^0(x_0) \bigcap N_1^0(x_0) \bigcap N_2^0(x_0)$ 来说，当 $x \in N^0(x_0) \bigcap N_1^0(x_0) \bigcap N_2^0(x_0)$ 时，$x \in E_1 \bigcup E_2$，如 $x \in E_1$，则由式(1) $|f(x) - l| < \varepsilon$；如 $x \in E_2$，则由式(2) $|f(x) - l| < \varepsilon$. 故 $x \to x_0$ 时，$f(x) \to l$.

教材中说的左、右极限都是限制性极限的特例；极限为 l 之充要条件是左、右极限都是 l，也只是性质(2)的一个特例.

限制性极限在讨论多元函数的极限时更为常用.

16. 极限存在问题

这里我们来谈 $x \to +\infty$，$f(x)$ 能不能趋近于某数 l 的问题. 这种问题在高等数学中也是遇到较多的，并不是所有函数当 $x \to +\infty$ 时，都能趋近于某个数的. 例如，$x \to +\infty$ 时，x^2 就不趋近于任何数，因为 x^2 无限增大($\to +\infty$)，$\sin x$ 也不趋近于任何数，因为 $\sin x$ 之值不断

地在 ±1 之间摆动.

如果 $f(x)$ 确定在 $+\infty$ 的某个净邻域上是有上界的, $(f(x) \leqslant m)$ 它就不会无限增大;如果 $f(x)$ 还递增(当 $x' < x''$ 时, $f(x') \leqslant f(x'')$),它就不会不断地来回摆动,那么 $x \to +\infty$ 时, $f(x)$ 就会趋近于某数 l 吗?

这个答案是正面的.但是从直观上很难判断它的正确性.这就要用 $x \to +\infty$ 时, $f(x) \to l$ 的严格定义了.据观察, l 似乎是 $f(x)$ 的最小上界,如图 9 所示,现在来验证一下.

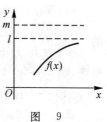

图　9

对任一正数 ε , $l - \varepsilon$ 就不是 $f(x)$ 的上界了,因此,有 $-x'$,使 $f(x') > l - \varepsilon$,从而在 $(x', +\infty)$ 上, $f(x) \geqslant f(x') > l - \varepsilon$,但总有 $f(x) \leqslant l$,所以在 $(x'_1, +\infty)$ 上, $l - \varepsilon < f(x) \leqslant l$,即在 $(x', +\infty)$ 上, $|f(x) - l| < \varepsilon$,根据严格定义,当 $x \to +\infty$ 时, $f(x) \to l$.

在这种存在定理中, $f(x)$ 不会不断地来回摆动是主要的,如果 $f(x)$ 上有界, $f(x)$ 就有极限;如果 $f(x)$ 没有上界,还可以说 $f(x) \to +\infty$.

这个定理还有一个姐妹定理:若 $f(x)$ 在 $+\infty$ 的某个净邻域上确定,且 $f(x)$ 有下界($f(x) \geqslant m$)并且 $f(x)$ 还是递减的(即 $x' < x''$ 时, $f(x') \geqslant f(x'')$),则 $f(x) \to +\infty$ 时, $f(x) \to l$.

这只要考虑 $-f(x)$ 就可得出证明.

17. 函数 $f(x)$ 在一点 x_0 处连续的意义是什么?

通常我们要讨论函数在一点连续与函数在一个集合上连续这两个不同的概念,有许多人分不清楚这两个概念,所以把它们分别谈一下.

函数 $f(x)$ 在 x_0 处连续的概念.谈这个概念要用到极限,所以我们设 $f(x)$ 能在 x_0 的某个净邻域上确定.

如果有 $\lim\limits_{x \to x_0} f(x) = f(x_0)$，则称 $f(x)$ 在 x_0 处连续.

如果没有 $\lim\limits_{x \to x_0} f(x) = f(x_0)$，则称 $f(x)$ 在 x_0 处不连续或间断.

当 $f(x)$ 在 x_0 处不连续时，又可根据 $\lim\limits_{x \to x_0} f(x)$ 存在与否分为两种情形：

（1）$\lim\limits_{x \to x_0} f(x)$ 存在时，有两种情况是不能成立 $\lim\limits_{x \to x_0} f(x) = f(x_0)$ 的，一是 $f(x_0)$ 不确定；二是 $f(x_0)$ 虽确定，但与 $\lim\limits_{x \to x_0} f(x)$ 不同. 无论是哪一种情况，只要把 $f(x_0)$ 确定为或改确定为 $\lim\limits_{x \to x_0} f(x)$，$f(x)$ 就在 x_0 处连续了. 所以我们把这种不连续，称为可去的不连续，在许多问题的讨论中，改变一下 $f(x)$ 在 x_0 处之值，使得 $f(x)$ 在 x_0 处连续，往往没有影响. 所以我们对 $\lim\limits_{x \to x_0} f(x)$ 存在时的不连续只简单谈及.

（2）$\lim\limits_{x \to x_0} f(x)$ 不存在时，无论怎样改动 $f(x)$ 在 x_0 处之值，都不能使 $f(x)$ 在 x_0 处连续，因此，称 $f(x)$ 在 x_0 处是本性不连续的. 若 $f(x)$ 在 x_0 处本性不连续，而 $\lim\limits_{\substack{x \to x_0 \\ x < x_0}} f(x)$ 及 $\lim\limits_{\substack{x \to x_0 \\ x > x_0}} f(x)$ 都存在，就说 $f(x)$ 在 x_0 处是第一类间断的，称 x_0 为 $f(x)$ 的第一类间断点；否则，称 $f(x)$ 在 x_0 处是第二类间断的，称 x_0 为 $f(x)$ 的第二类间断点.

关于函数在一点处连续有如下的一些定理：

和的连续定理. 若 $f_1(x)$，$f_2(x)$ 都在 x_0 处连续，则 $f_1(x) + f_2(x)$ 在 x_0 处也连续.

证 由于 $f_1(x)$ 在 x_0 处连续，所以 $f_1(x)$ 在 x_0 的某净邻域 $N_1^0(x_0)$ 上确定，且 $\lim\limits_{x \to x_0} f_1(x) = f_2(x_0)$. 由于 $f_2(x)$ 在 x_0 处连续，所以 $f_2(x)$ 在 x_0 的某个净邻域 $N_2^0(x_0)$ 上确定，且 $\lim\limits_{x \to x_0} f_2(x) = f_2(x_0)$. 因此，$f_1(x) + f_2(x)$ 在 $N_1^0(x_0) \bigcap N_2^0(x_0)$ 上确定，且 $\lim\limits_{x \to x_0} [f_1(x) + f_2(x)] = f_1(x_0) + f_2(x_0)$.

还有其他不少定理就不一一讲了.

此外,对基本初等函数在一点的连续,我们也有如下定理:若 $f(x)$ 为基本初等函数,确定在 D 上,则在 D 内部任一点 x_0 处,$f(x)$ 连续.这在求其基本初等函数的极限时已讲过了(通过看它们的图形).

函数在 x_0 处连续也可以说成,若 $f(x)$ 在 x_0 的某个邻域上确定,且对任一正数 ε,都有一个相应的 x_0 的邻域,使得 x 属于此邻域时,$|f(x)-f(x_0)|<\varepsilon$.

18. 函数 $f(x)$ 在集合 E 上连续的意义是什么?

这是一个 20 世纪才有的概念,它在讨论多元函数时常用.在讨论一元函数时,函数确定在不是区间的集合 E 上的情形很少见,但并非没有,所以还是将这种概念讲一讲.

设 $f(x)$ 在集合 E 上确定,x_0 为 E 中任一点.若对任一正数 ε,都相应有一个 x_0 的邻域 $N(x_0)$,使 $x \in E$ 且 $x \in N(x_0)$ 时,$|f(x)-f(x_0)|<\varepsilon$ 成立,则称 $f(x)$ 在 E 上连续.

这个定义可以换成更简单的方法:当 E 中任一点 x_0 不是 E 的聚点时,x_0 有一净邻域里不含 E 中任何点(我们称这种点为 E 的孤立点),如图 10 所示.

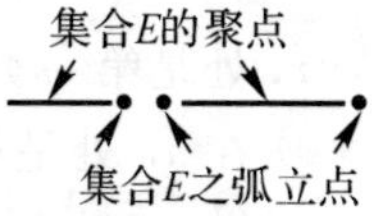

集合E的聚点

集合E之孤立点

图 10

对 E 中任一弧立点 x_0 来说,对任一正数 ε,x_0 相应有一邻域,在这个邻域里,E 中之点只有 x_0.所以在这个邻域上 $|f(x)-f(x_0)|<\varepsilon$ 总是成立的.讨论 $f(x)$ 在 E 上是否连续,可以不管它们,只有 E 中之点是 E 的聚点时,才要检验.

对 E 中之任一聚点 x_0 来说,对任一正数 ε,都相应有一个 x_0 的邻域 $N(x_0)$,使 $x \in E$ 且 $x \in N(x_0)$ 时,$|f(x)-f(x_0)|<\varepsilon$,即对任一正数 ε,都相应有一个 x_0 的净邻域 $N^0(x_0)$,使 $x \in E$ 且 $x \in N^0(x_0)$ 时,$|f(x)-f(x_0)|<\varepsilon$(因为当 $x=x_0$ 时,$|f(x)-f(x_0)|<\varepsilon$ 自然成立).即

$$\lim_{\substack{x \to x_0 \\ x \in E}} f(x) = f(x_0)$$

所以,在 E 的任一聚点处还要都有 $\lim\limits_{\substack{x \to x_0 \\ x \in E}} f(x) = f(x_0)$,才能说 $f(x)$ 在 E 上连续.

很明显,若 $f(x)$ 在 E 上连续,则 $f(x)$ 必在 E 上任何子集 E' 上连续.

例如,$\sqrt{\cos^2(\pi x) - 1}$,在 J 上确定($J = \{0, \pm 1, \pm 2, \cdots\}$).可以说它在 J 上连续,也可以说它在单点集 $\{0\}$ 上连续,但不能说它在 0 处连续,几乎所有知道函数在集合上连续之概念的人,都把函数在孤立点的单点集上连续,错误地说成函数在孤立点处连续,这样就把概念弄混淆了.同学们一定要注意.

19. 函数 $f(x)$ 在 $[a,b]$ 上连续时的一些性质

这就是上面所讲 $f(x)$ 在 E 上连续,取 E 为 $[a,b]$ 的一种特殊情形.它就是要求 $f(x)$ 在 $[a,b]$ 上确定,且对任一 $x_0 \in [a,b]$ 有 $\lim\limits_{\substack{x \to x_0 \\ x \in [a,b]}} f(x) = f(x_0)$(因为 $[a,b]$ 中的所有点都是 $[a,b]$ 的聚点).

对于内点 x_0 来说,$\lim\limits_{\substack{x \to x_0 \\ x \in [a,b]}} f(x) = \lim\limits_{x \to x_0} f(x)$,所以要求 $\lim\limits_{\substack{x \to x_0 \\ x \in [a,b]}} f(x) = f(x_0)$,就是要求 $\lim\limits_{x \to x_0} f(x) = f(x_0)$.

对于端点 a 来说,$\lim\limits_{\substack{x \to a \\ x \in [a,b]}} f(x) = \lim\limits_{\substack{x \to a \\ x > a}} f(x)$,所以要求 $\lim\limits_{\substack{x \to a \\ x \in [a,b]}} f(x) = f(a)$,就是要求 $\lim\limits_{\substack{x \to a \\ x > a}} f(x) = f(a)$.

对于端点 b 来说,$\lim\limits_{\substack{x \to b \\ x \in [a,b]}} f(x) = \lim\limits_{\substack{x \to b \\ x < b}} f(x)$,所以要求 $\lim\limits_{\substack{x \to b \\ x \in [a,b]}} f(x) = f(b)$,就是要求 $\lim\limits_{\substack{x \to b \\ x < b}} f(x) = f(b)$.

可见,$f(x)$ 在 $[a,b]$ 上连续和 $f(x)$ 在 $[a,b]$ 的每一点都连续并

不一样. 因为 $f(x)$ 在 $[a,b]$ 的每一点都连续, 要求 $f(x)$ 在 a 的某个净邻域上能确定, 且 $\lim\limits_{x \to a} f(x) = f(a)$, 并且要求 $f(x)$ 在 b 的某个净邻域上也能确定, 且 $\lim\limits_{x \to b} f(x) = f(b)$. 而 $f(x)$ 在 $[a,b]$ 上连续并没有这两点, 但反过来, $f(x)$ 在 $[a,b]$ 的每一点都连续, 却能保证 $f(x)$ 在 $[a,b]$ 上连续, 因为此时 $f(x)$ 能在 $[a,b]$ 上确定, 且 $\lim\limits_{\substack{x \to a \\ x > a}} f(x) =$ $\lim\limits_{x \to a} f(x) = f(a)$, $\lim\limits_{\substack{x \to b \\ x < b}} f(x) = \lim\limits_{x \to b} f(x) = f(b)$ 和 $\lim\limits_{x \to x_0} f(x) = f(x_0)$ 都能成立.

同样, 我们也可有 $f(x)$ 在区间 I 上连续的概念.

要看 $f(x)$ 是否在区间 I 上连续, 可任取 $x, x + \Delta x \in I$, 而看当 $\Delta x \to 0$ 时, $f(x + \Delta x) - f(x)$ 是否趋近于 0.

在闭区间上连续的函数有许多良好的性质, 如最值性、有界性、介值性及取零值性. 它们是数学中最常要讨论的函数.

20. 什么叫分段连续函数?

若 $f(x)$ 在 $\langle a,b \rangle$ ("$\langle$" 表示 "(" 或 "[", "$\rangle$" 表示 ")" 或 "]", 这是我常爱用的符号) 上确定, 且在 $\langle a,b \rangle$ 中只有有限个间断点 $x_1, x_2, \cdots,$ x_n, 它们都是第一类间断点, 且 $\lim\limits_{\substack{x \to a \\ x > a}} f(x)$, $\lim\limits_{\substack{x \to b \\ x < b}} f(x)$ 都存在, 则称 $f(x)$ 在 $\langle a,b \rangle$ 上分段连续. 它的图形如图 11 所示. 它是一个几乎分段都是在闭区间上连续的函数, 它也是一种数学上常要讨论的, 有良好性质的函数.

显然, 两个都在 $\langle a,b \rangle$ 上分段连续的函数之和在 $\langle a,b \rangle$ 上仍分段连续, 两个都在 $\langle a,b \rangle$ 上分段连续函数之积在 $\langle a,b \rangle$ 上也分段连续, 并且若 $f(x)$ 在 $\langle a,b \rangle$ 上分段连续, 则 $|f(x)|$ 也在 $\langle a,b \rangle$ 上分段连续.

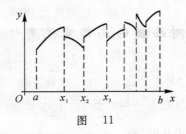

图 11

21. 为什么我讲 $f(x)$ 的导数,爱讲它在任一取定点 x 处之导数,并且爱用 $\left[f(x)\right]'$ 的记号?

我是这么讲导数的:设 $f(x)$ 为一给定函数,x 为任一取定点,$f(x)$ 在此 x 的某个邻域上确定,则当 $\lim\limits_{\Delta x \to 0} \dfrac{f(x+\Delta x)-f(x)}{\Delta x}$ 存在时,就称它为 $f(x)$ 在 x 处之导数,记作 $\left[f(x)\right]'$,并把这 x 称为 $f(x)$ 的可导点.

我把导数记作 $\left[f(x)\right]'$ 是因为它是对函数 $f(x)$ 所进行的一种求导运算的结果. 所以把这个函数写出来比较好,正像我们把 $\sin x$,$\ln x$,$\cdots$ 的导数等成 $(\sin x)'$,$(\ln x)'$,$\cdots$ 那样,我并不反对使用 $f'(x)$ 来记导数,但这个记号,可以把它当做 $\left[f(x)\right]'$ 的简写记号,在稍晚的时刻引进. 一开始就用这个记号,$\sin x$,$\ln x$,$\cdots$ 的导数就要写成 $\sin' x$,$\ln' x$,$\cdots$,多别扭! 为什么我要求函数 $f(x)$ 在任一取定点 x 处的导数? 一是因为这是一般的习惯,我们确实求了许多基本初等函数在任一取定点 x 处的导数;二是因为这样讲,就立即可知 $\left[f(x)\right]'$ 是 x 的函数,确定在 $f(x)$ 的可导点所成的集合 D 上.

照我这样讲,$f(x)$ 在 x_0 处之导数值就是 $\left[f(x)\right]'\big|_{x=x_0}$,而不用 $f'(x_0)$ 的写法,用 $f'(x_0)$ 的写法,往往使不少初学的同学,认为它是常数的导数,就是 0.

22. 导数的值对函数的局部变化有什么关系?

$f(x)$ 在 x 处之导数是

$$[f(x)]' = \lim_{\Delta x \to 0} \frac{f(x + \Delta x) - f(x)}{\Delta x}$$

所以当 Δx 很接近于 0 时,有

$$[f(x)]' \approx \frac{f(x + \Delta x) - f(x)}{\Delta x}$$

故 $[f(x)]'$ 的符号即 $\dfrac{f(x + \Delta x) - f(x)}{\Delta x}$ 的符号.

(1) 如果 $[f(x)]' > 0$, $\dfrac{f(x + \Delta x) - f(x)}{\Delta x} > 0$, $f(x + \Delta x) - f(x)$ 与 Δx 同号.

当 $\Delta x > 0$ 时,$f(x + \Delta x) - f(x) > 0$,即 $f(x + \Delta x) > f(x)$.

当 $\Delta x < 0$ 时,$f(x + \Delta x) - f(x) < 0$,即 $f(x + \Delta x) < f(x)$.

亦即自变量之值从小于 x 变成大于 x 时,必然在此点邻近函数值从小于 $f(x)$ 变成大于 $f(x)$. 我们把这种情形,简单地说成 $f(x)$ 在点 x 处增.

(2) 如果 $[f(x)]' < 0$, $\dfrac{f(x + \Delta x) - f(x)}{\Delta x} < 0$, $f(x + \Delta x) - f(x)$ 与 Δx 异号.

当 $\Delta x > 0$ 时,$f(x + \Delta x) - f(x) < 0$,即 $f(x + \Delta x) < f(x)$.

当 $\Delta x < 0$ 时,$f(x + \Delta x) - f(x) > 0$,即 $f(x + \Delta x) > f(x)$.

亦即自变量之值从小于 x 变成大于 x 时,必然在此点邻近函数值从大于 $f(x)$ 变成小于 $f(x)$. 我们把这种情形,简单地说成 $f(x)$ 在点 x 处减.

又因 Δx 很接近于 0 时,有

$$\left| [f(x)]' \right| \approx \left| \frac{f(x + \Delta x) - f(x)}{\Delta x} \right| =$$

$$\frac{\mid f(x+\Delta x)-f(x)\mid}{\mid \Delta x\mid}$$

（1）如果 $\mid [f(x)]'\mid$ 大，$\dfrac{\mid f(x+\Delta x)-f(x)\mid}{\mid \Delta x\mid}$ 也大，即在此 x 邻域内，局部函数增量之绝对值与自变量增量之绝对值相比大，函数在局部的变化大.

（2）如果 $\mid [f(x)]'\mid$ 小，$\dfrac{\mid f(x+\Delta x)-f(x)\mid}{\mid \Delta x\mid}$ 也小，即在此 x 邻域内，局部函数增量之绝对值与自变量增量之绝对值相比小，函数在局部的变化小.

如果 $[f(x)]'=0$，则 $\dfrac{f(x+\Delta x)-f(x)}{\Delta x}\approx 0$，函数局部几乎没有变化，所以称此 x 点为函数之驻点.

这些简单的知识，以前有些教材是讲的，讲了这些知识，也有些方便之处.

例 （内最值点定理）若在 $\langle a,b\rangle$ 的内点 x_0 处，$f(x)$ 取得它在 $\langle a,b\rangle$ 上的最值，则 $\mid [f(x)]'\mid_{x=x_0}$ 或不存在或为 0，试证之.

证 若 $[f(x)]'\mid_{x=x_0}$ 存在且不为 0，则 $[f(x)]'\mid_{x=x_0}$ 或大于 0，或小于 0. 此时，$f(x)$ 或在 x_0 处增，或在 x_0 处减，都与 $f(x)$ 在 x_0 处取得最值矛盾.

又例如，（曲率定义）如图 12 所示，若函数 $f(x)$ 在图形上任何点 $(x,f(x))$ 处都有切线，我们把 P 点切线的倾角 α（也称为函数图形在 P 点的方向角）对弧长 $s=\overset{\frown}{AP}$ 之长度的变化率之绝对值 $\left|\dfrac{\mathrm{d}\alpha}{\mathrm{d}s}\right|$ 叫做函数图形在 P 点的曲率就是很自然之事，因为此数之大小，决

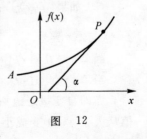

图　12

定着在 P 附近，α 随 s 变化之快慢，它变得快，函数图形在此点弯曲得大；变得慢，函数图形在此点弯曲得小. 当然，这是在导数 $\dfrac{\mathrm{d}\alpha}{\mathrm{d}s}$ 存在时

而言的，$\dfrac{\mathrm{d}\alpha}{\mathrm{d}s}$ 不存在时，不讲曲率.

23. 什么叫求方程之根的 Newton 法？

很早以前，常会有高年级的同学问我："一个方程 $f(x)=0$ 的根怎么求？"（多半是他们在实际工作中遇到了这样的问题）我告诉他们可以用 Newton 法来求.

若 $f(x)$ 在 $[a,b]$ 上连续、可导、下凹且 $f(b)>0>f(a)$，则从 $(b,f(b))$ 处作 $f(x)$ 图形 L 的切线，如图 13 所示. 它在 x 轴上有截距 x_1，又从 $(x_1,f(x_1))$ 处作 L 的切线，它在 x 轴上又有截距 x_2，又再从 $(x_2,f(x_2))$ 处作 L 的切线，它在 x 轴上又再有截距 x_3，… 而 x_1，x_2，x_3，… 就趋近于 $f(x)=0$ 在 (a,b) 中的唯一根 x_0，或即

$$x_0 = \lim_{n \to +\infty} x_n$$

取 n 相当大，就可得出 x_0 的近似值来（类似的图形可作类似的讨论）.

近些年来，问这样问题的人少了，我想可能与计算机大量普及并且早都有了用 Newton 法求方程根的近似值的软件是有很大关系的.

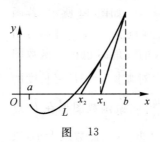

图　13

24. 求复合函数的导数时, 不要掉"尾巴"

求复合函数的导数时, 有下述定理:

若 $g(x)$ 在点 x 处可导, $f(u)$ 在相应的 $u=g(x)$ 点也可导, 则 $f(u)|_{u=g(x)}=f(g(x))$ 在点 x 处可导, 且

$$[f(u)|_{u=g(x)}]'=[f(g(x))]'=[f(u)]'_{u=g(x)}[g(x)]'$$

这个公式右边是两个因子, 第一个是 $f(u)$ 在点 $u=g(x)$ 处的导数, 第二个是 $g(x)$ 在点 x 处的导数. 这样就把一个复合函数的求导数问题变成了两个简单函数 $f(u)$ 及 $g(x)$ 的求导数问题了, 只是 $f(u)$ 求的是在 $u=g(x)$ 处的导数. 同学们对它已经很熟悉, 可是往往还有些同学做题时要掉"尾巴". 例如, 他们求 $(\sin 2x)'$ 就等于 $\cos 2x$, 而把"尾巴"又给掉了. 正确的解答应是

$$(\sin 2x)'=(\sin u|_{u=2x})'=\cos u|_{u=2x}(2x)'=\cos 2x\times 2$$

越是简单的复合函数, 求导数越容易掉"尾巴", 要特别小心.

25. 反函数定理及反函数求导数公式

反函数定理, 若 $[f(x)]'$ 在 (a,b) 上每一点处都大于 0, 则

(1) $f(x)$ 在 (a,b) 上是严格增的.

(2) $f(x)$ 的值域 R 为 $(\lim\limits_{\substack{x\to a\\x>a}}f(x),\lim\limits_{\substack{x\to b\\x<b}}f(x))$.

(3) $y=f(x)$ 的反函数 $x=f^{-1}(y)$ 确定在 R 上.

(4) $x=f^{-1}(y)$ 是严格增的.

(5) $x=f^{-1}(y)$ 在 R 内任一点处连续.

(6) 在 R 内任一点 y 处, 有 $[f^{-1}(y)]'=\dfrac{1}{[f(x)]'|_{x=f^{-1}(y)}}$.

证 (1) 任取 $x_2>x_1$, 且 $x_1,x_2\in(a,b)$, 有
$$f(x_2)-f(x_1)=[f(x)]'|_{x=\xi}(x_2-x_1)>0$$

（2）对任意 $y \in (\lim\limits_{\substack{x \to a \\ x>a}} f(x), \lim\limits_{\substack{x \to b \\ x<b}} f(x))$，由局部估值定理，必有大于 a 而接近于 a 之 x_1，使 $\lim\limits_{\substack{x \to a \\ x>a}} f(x) < f(x_1) < y$；也必有小于 b 而接近于 b 之 x_2，使 $y < f(x_2) < \lim\limits_{\substack{x \to b \\ x<b}} f(x)$. 现在 $f(x)$ 在 $[x_1, x_2]$ 之每一点处都可导，从而在 $[x_1, x_2]$ 之每一点处都连续. $f(x)$ 在 $[x_1, x_2]$ 上连续. 由介值定理，必有 $x \in (x_1, x_2)$，使 $f(x) = y$，故

$$R = (\lim_{\substack{x \to a \\ x>a}} f(x), \lim_{\substack{x \to b \\ x<b}} f(x))$$

（3）由反函数存在定理，知 $y = f(x)$ 有反函数 $x = f^{-1}(y)$ 确定在 $(\lim\limits_{\substack{x \to a \\ x>a}} f(x), \lim\limits_{\substack{x \to b \\ x<b}} f(x))$ 上.

（4）由反函数存在定理，$x = f^{-1}(y)$ 是严格增的.

（5）对 $(\lim\limits_{\substack{x \to a \\ x>a}} f(x), \lim\limits_{\substack{x \to b \\ x<b}} f(x))$ 内任一点 y，y 必然是某一 $x \in (a, b)$ 之值，$y = f(x)$. 现在对任一正数 ε，令 $f(x - \varepsilon) = y_1$，$f(x + \varepsilon) = y_2$，必然 $y_1 < y < y_2$，有一邻域落在 y_1, y_2 之间，由 $f^{-1}(y)$ 之严格增，可知此邻域中之任何 y 值必使 $f^{-1}(y)$ 落在 $f^{-1}(y_1)$ 及 $f^{-1}(y_2)$ 之间，亦即落在 $x - \varepsilon, x + \varepsilon$ 之间，如图 14 所示. 所以由连续定义可知 $f^{-1}(y)$ 在此 y 点处连续.

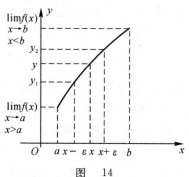

图　14

(6) $\left[f^{-1}(y)\right]' = \lim\limits_{\Delta y \to 0} \dfrac{f^{-1}(y+\Delta y) - f^{-1}(y)}{\Delta y} = \lim\limits_{\Delta y \to 0} \dfrac{x + \Delta x - x}{\Delta y} =$

$$\lim\limits_{\Delta y \to 0} \dfrac{\Delta x}{f(f^{-1}(y)+\Delta x) - f(f^{-1}(y))}$$

如图 15 所示,现在 Δx 是 Δy 的函数,且 $\Delta y \to 0$ 时,$\Delta x \to 0$ 而 $\Delta x \neq 0$. 故由复合函数求极限定理知

$$\lim\limits_{\Delta y \to 0} \dfrac{\Delta x}{f(f^{-1}(y)+\Delta x) - f(f^{-1}(y))} =$$

$$\lim\limits_{\Delta x \to 0} \dfrac{\Delta x}{f(f^{-1}(y)+\Delta x) - f(f^{-1}(y))} =$$

$$\lim\limits_{\Delta x \to 0} \dfrac{1}{\dfrac{f(f^{-1}(y)+\Delta x) - f(f^{-1}y)}{\Delta x}} = \dfrac{1}{\left[f(x)\right]' \big|_{x = f^{-1}(y)}}$$

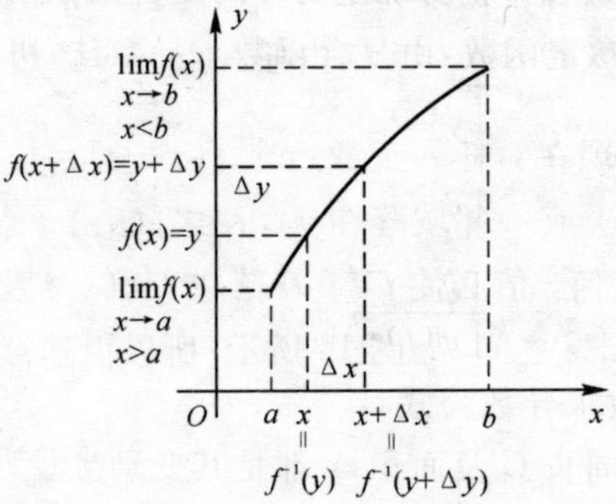

图　15

(6) 中之公式

$$\left[f^{-1}(y)\right]' = \dfrac{1}{\left[f(x)\right]' \big|_{x = f^{-1}(y)}}$$

就称为反函数求导数公式.

若 $\left[f(x)\right]'$ 在 (a,b) 上每点都小于 0,则定理稍作改变亦能成立.

(1) 的证明中,用到了 Lagrange 中值定理,它只用到闭区间上连续函数的最值性、内最值点定理及求导数的最简单的性质,是根本用不到反函数定理的. 所以不必担心犯循环论证的毛病.

26. 参数方程及参定函数求导数

若两个变量 x,y 都是第三个变量 t 的函数 $\begin{cases} x=\varphi(t) \\ y=\psi(t) \end{cases}$,确定在某区间 (a,b) 上,则我们就把这组方程,叫做一个参数方程. 如果 $[\varphi(t)]'$ 在 (a,b) 上大于 0(或小于 0),则由反函数定理,得 $x=\varphi(t)$ 之值域为一个区间 $R,t=\varphi^{-1}(x)$ 在 R 上连续且严格增(或减),其值域为 (a,b),且

$$[\varphi^{-1}(x)]' = \frac{1}{[\varphi(t)]'|_{t=\varphi^{-1}(x)}}$$

所以,$y=\psi(t)|_{t=\varphi^{-1}(x)}$ 就可确定为 x 的复合函数,称为由参数方程确定的函数,简称参定函数,由复合函数求导数法,可得

$$[\psi(t)|_{t=\varphi^{-1}(x)}]' = [\psi(t)]'|_{t=\varphi^{-1}(x)}[\varphi^{-1}(x)]' =$$

$$[\psi(t)]'|_{t=\varphi^{-1}(x)}\frac{1}{[\varphi(t)]'|_{t=\varphi^{-1}(x)}} =$$

$$\frac{[\psi(t)]'}{[\varphi(t)]'}\Big|_{t=\varphi^{-1}(x)}$$

这称为参定函数求导数公式.

例 圆的周长 C 及面积 A 都是其变动半径 R 的函数

$$C=2\pi R, \quad A=\pi R^2$$

这就是一个参数方程,由于 $\dfrac{\mathrm{d}C}{\mathrm{d}R}=2\pi$ 在 $(0,+\infty)$ 上大于 0. 故 R 是 C 的反函数,并且还可求得 $R=\dfrac{1}{2\pi}C$. 从而 $A=\pi R^2|_{R=\frac{C}{2\pi}}$ 就是一个参定函数. 根据参定函数求导数公式,可以求得 $\dfrac{\mathrm{d}A}{\mathrm{d}C}=\dfrac{2\pi R}{2\pi}\Big|_{R=\frac{C}{2\pi}}=\dfrac{C}{2\pi}$.

如将 R 为 C 之反函数 $R=\dfrac{C}{2\pi}$ 代入 A,可得 $A=\pi\left(\dfrac{C}{2\pi}\right)^2=\dfrac{C^2}{4\pi}$. 从而 $\dfrac{\mathrm{d}A}{\mathrm{d}C}=\dfrac{C}{2\pi}$,和上面求得的相同.

在这个例子里,参定函数可以简单地表达出来,所以两种求导数方法都可以用. 在一般的情形,参定函数无法简单表达,所以还是要用参定函数求导数公式来求导数.

27. 参数方程是怎么来的?

参数方程的概念是从运动学来的,设平面上有一质点 P 作运动,则 P 的坐标 x,y 都是时间 t 的函数,确定在某区间 $\langle a,b \rangle$ 上即

$$\begin{cases} x = \varphi(t) \\ y = \psi(t) \end{cases},确定在某区间 \langle a,b \rangle 上.$$

这就是参数方程的由来,研究参定函数的导数,实际上是研究动点之纵坐标随着横坐标变化之变化率,即动点轨迹之切线斜率.

28. 什么是曲线? 什么是光滑曲线?

设动点 P 之坐标 x,y 都是 t 的函数,确定在 $\langle a,b \rangle$ 上,并且都是 t 在 $\langle a,b \rangle$ 上的连续函数,则我们就把 P 的轨迹叫做一条曲线,亦即若

$$\begin{cases} x = \varphi(t) \\ x = \psi(t) \end{cases} 在 \langle a,b \rangle 上确定,且都是 \langle a,b \rangle 上连续的函数.$$ 则将 (x,y)

的轨迹叫做一条曲线,定义中的参数方程就叫这条曲线的参数方程. 但是这样定义的曲线,其上的动点还可以折来折去乱动一气,把曲线搞得一团漆黑,使得曲线和我们直观认识的曲线差别很大. 我们直观认识的曲线,常是有连续转动切线的,称为光滑曲线. 从曲线的参数方程来说,就是要求 $[\varphi(t)]'$,$[\psi(t)]'$ 都在 $\langle a,b \rangle$ 上连续,且没有一点同时为 0. 这没有一点同时为 0 不能忘记,这也是保证曲线有连续转动的切线所必需的,当我们会求曲线的切线向量时,就可意识到这一点.

考虑动点在空间移动时,我们就可得出空间曲线及空间光滑曲线的解析定义.

若
$$\begin{cases} x = \varphi(t) \\ y = \psi(t) \\ z = \rho(t) \end{cases}$$

确定在 $\langle a,b \rangle$ 上,且都是 $\langle a,b \rangle$ 上连续的函数.则称动点 (x,y,z) 之轨迹为空间一条曲线,上述参数方程称为曲线之参数方程.当 $[\varphi(t)]'$,$[\psi(t)]'$,$[\rho(t)]'$ 在 $\langle a,b \rangle$ 上都连续,且没有一点各导数同时为 0 时,则称曲线是光滑的.这种曲线有连续转动之切线.

以前,我开始工作时,有一位老先生孙增光教授就很强调在 $\langle a,b \rangle$ 上没有一点,各导数同时为 0 的条件.

在微分几何课程中,会根据曲线和曲面的参数方程研究许多曲线和曲面的性质,而高等数学中却只根据曲线和曲面的参数方程,求出曲线的切线向量或曲面的法线向量及曲线的弧长或曲面的面积.

若光滑曲线之参数方程为

$$\begin{cases} x = \varphi(t) \\ y = \psi(t) \end{cases} \quad \text{或} \quad \begin{cases} x = \varphi(t) \\ y = \psi(t) \\ z = \rho(t) \end{cases}$$

确定在 $\langle a,b \rangle$ 上.则很容易求得曲线上任一 t 所相应之点处的切线向量为

$$\vec{t} = [\varphi(t)]' \vec{i} + [\psi(t)]' \vec{j} \quad \text{或} \quad \vec{t} = [\varphi(t)]' \vec{i} + [\psi(t)]' \vec{j} + [\rho(t)]' \vec{k}$$

这种切线向量总是指向 t 增大时,点移动的方向,称曲线的自然方向.

若分段光滑曲线之参数方程同上,只是确定在 $[a,b]$ 上,则曲线之弧长 s 为

$$\int_{[a,b]} \sqrt{[\varphi(t)]'^2 + [\psi(t)]'^2} \, \mathrm{d}t$$

或

$$\int_{[a,b]} \sqrt{[\varphi(t)]'^2 + [\psi(t)]'^2 + [\rho(t)]'^2} \, \mathrm{d}t$$

这两个公式在定积分里就都会讲到.

29. 为什么光滑曲线上弧与其所张弦之长度比趋近于1?

这个结论,在高等数学里多处用到,可予以证明如下:

证 设 $x = \varphi(t)$,$y = \psi(t)$,确定在 (a,b) 上,为光滑曲线 l 的参数方程. 任取 $t_1 < t_2$,$t_1,t_2 \in (a,b)$,可相应得到 $P_1(\varphi(t_1),\psi(t_1))$,$P_2(\varphi(t_2),\psi(t_2)) \in l$.

$$| \overparen{P_1 P_2} | = \int_{t_1}^{t_2} \sqrt{\varphi'(t)^2 + \psi'(t)^2}\, \mathrm{d}t = \sqrt{\varphi'(\xi)^2 + \psi'(\xi)^2}\,(t_2 - t_1)$$

（由积分中值定理）

$$| \overline{P_1 P_2} | = \sqrt{[\varphi(t_2) - \varphi(t_1)]^2 + [\psi(t_2) - \psi(t_1)]^2} =$$
$$\sqrt{\varphi'(\xi_1)^2 (t_2 - t_1)^2 + \psi'(\xi_2)^2 (t_2 - t_1)^2} =$$
$$\sqrt{\varphi'(\xi_1)^2 + \psi'(\xi_2)^2}\,(t_2 - t_1)$$

（由 Lagrange 中值定理）

此处 ξ,ξ_1,ξ_2 都在 t_1,t_2 之间. 所以

$$\frac{| \overparen{P_1 P_2} |}{\overline{P_1 P_2}} = \frac{\sqrt{\varphi'(\xi)^2 + \psi'(\xi)^2}}{\sqrt{\varphi'(\xi_1)^2 + \psi'(\xi_2)^2}}$$

令 t_1,t_2 趋近于 t_1,t_2 之间的一个定数 t_0 时,ξ,ξ_1,ξ_2 都趋近于 t_0,此时 $P_1,P_2 \to P_0(\varphi(t_0),\psi(t_0))$.

而 $\dfrac{| \overparen{P_1 P_2} |}{| \overline{P_1 P_2} |} \to \dfrac{\sqrt{\varphi'(t_0)^2 + \psi'(t_0)^2}}{\sqrt{\varphi'(t_0)^2 + \psi'(t_0)^2}} = 1$（由商之极限定理）

因为光滑曲线 l 的参数方程中 $\varphi(t)$,$\psi(t)$ 的导数都连续,且不同时为 0,显然这个结论将 P_1 取为 P_0 也能成立.

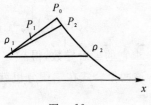

这个性质,对空间光滑曲线也成立,但对非光滑曲线就不成立.

例如,有非光滑曲线,大致如图 16

图 16

所示,它在 P_0 处有一个 $\dfrac{\pi}{2}$ 之尖角,当 $\overline{P_1P_2}$ 保持水平,而让 $P_1,P_2 \to P_0$ 时,有

$$\frac{|\overset{\frown}{P_1P_2}|}{|\overline{P_1P_2}|} \to \frac{2}{\sqrt{2}} = \sqrt{2}$$

当 $\overline{P_1P_2}$ 保持倾角为 $\dfrac{\pi}{6}$,而让 $P_1,P_2 \to P_0$ 时,有

$$\frac{|\overset{\frown}{P_1P_2}|}{|\overline{P_1P_2}|} \to \frac{3}{\sqrt{3}} = \sqrt{3}$$

两者不同,故 $\dfrac{|\overset{\frown}{P_1P_2}|}{|\overline{P_1P_2}|}$ 之极限不存在.

30. 求参定函数之二阶导数是检查求导数能力的试金石

设有参数方程 $\begin{cases} x = \varphi(t) \\ y = \psi(t) \end{cases}$,确定在 (a,b) 上.$[\varphi(t)]'$ 在 (a,b) 上大于 0(或小于 0),则 $x \in \varphi(t)$ 之值域为某区间 R,其反函数 $t = \varphi^{-1}(x)$ 确定在区间 R 上,参定函数

$$y = \psi(t) \mid_{t=\varphi^{-1}(x)}$$

是 x 的复合函数,求它的导数,得

$$y' = [\psi(t) \mid_{t=\varphi^{-1}(x)}]' = [\psi(t)]' \mid_{t=\varphi^{-1}(x)} [\varphi^{-1}(x)]' =$$

$$[\psi(t)]' \mid_{t=\varphi^{-1}(x)} \frac{1}{[\varphi(t)]'} \Big|_{t=\varphi^{-1}(x)} = \frac{[\psi(t)]'}{[\varphi(t)]'} \Big|_{t=\varphi^{-1}(x)}$$

求它的二阶导数,得

$$y'' = \Big[[\psi(t) \mid_{t=\varphi^{-1}(x)}]' \Big]' = \left[\frac{[\psi(t)]'}{[\varphi(t)]'} \Big|_{t=\varphi^{-1}(x)} \right]'$$

这还是一个复合函数的导数,可求得

$$\left[\left.\left[\frac{\psi(t)}{\varphi(t)}\right]'\right|_{t=\varphi^{-1}(x)}\right]' = \left.\left[\frac{\psi(t)}{\varphi(t)}\right]'\right|_{t=\varphi^{-1}(x)}\left[\varphi^{-1}(x)\right]' =$$

$$\left.\frac{[\psi(t)]''[\varphi(t)]' - [\psi(t)]'[\varphi(t)]''}{[\varphi(t)]^2}\right|_{t=\varphi^{-1}(x)} \left.\frac{1}{[\varphi(t)]'}\right|_{t=\varphi^{-1}(x)} =$$

$$\left.\frac{[\psi(t)]''[\varphi(t)]' - [\psi(t)]'[\varphi(t)]''}{[\varphi(t)]^3}\right|_{t=\varphi^{-1}(x)}$$

可是不少同学得出的答案,却是

$$\left.\frac{[\psi(t)]''[\varphi(t)]' - [\psi(t)]'[\varphi(t)]''}{[\varphi(t)]^2}\right|_{t=\varphi^{-1}(x)}$$

还是少掉了一个"尾巴".

许多老师爱开玩笑地说,参定函数求二阶导数是检查求导数能力的一块试金石.

31. Rolle 定理条件中,要 $f(x)$ 在 $[a,b]$ 上可导不可以吗?

Rolle 定理是其他中值定理的基础,它说的是:若 $f(x)$ 在 $[a,b]$ 上连续,在 (a,b) 上可导,且 $f(a) = f(b)$,则在 (a,b) 中必有一 ξ,使 $[f(x)]'|_{x=\xi} = 0$.

教材中已经把为什么要这 3 个条件都举例说明清楚了. 可是总有些同学爱问:"把 $f(x)$ 在 (a,b) 上可导,换成 $f(x)$ 在 $[a,b]$ 上可导,不可以吗?"

可以,当然可以,但却不好,因为将 $f(x)$ 在 $[a,b]$ 上可导代替 $f(x)$ 在 (a,b) 上可导,无非多添了 $f(x)$ 在 a 之右导数及在 b 之左导数都存在. 但这样一换之后,Rolle 定理就变成对如图 17 所示的函数不能成立,因为这个函数在 $[a,b]$ 上连续,在 (a,b) 上可

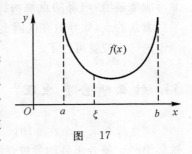

图 17

导，但在$[a,b]$上却不可导，这当然不好了.

一般说来，定理的条件越弱越好，而结论则越强越好. 这样可以使定理的适用范围更广，而得出的结论更强.

32. 什么是函数 $f(x)$ 的极值点和极值？

根据数学百科全书里的定义：若 $f(x)$ 在 x_0 的某邻域 $N(x_0)$ 上确定，且 $f(x_0) \geqslant f(x), x \in N(x_0)$，则称 x_0 为 $f(x)$ 的一个极大值点，$f(x_0)$ 为 $f(x)$ 的一个极大值.

关于 $f(x)$ 的极小值点和 $f(x)$ 的极小值有完全类似的定义.

函数的极大值点和极小值点统称函数的极值点；函数的极大值和极小值，统称函数的极值.

但在古典的数学书里，也有将上述定义中的非严格不等号写成严格不等号的. 但用严格不等号的定义，只会把极值问题的讨论复杂化，而很少带来好处，现在早已将它摈弃了（古典的极值和极值点可称为严格极值和严格极值点）.

33. 怎样求在某个区间上连续的函数之最值？

我们采用的基本方法是比较，将所有可能是最值的函数值进行比较，最大的就是最大值；最小的就是最小值，区间的端点处的函数值可能是最值，内部的点使函数取最值的，对可导函数来说，必然是导数为 0 的点，如导数在区间上有几个点不可导，则将这几点的函数值也进行比较就可以了.

34. 什么叫舍弃原理？

这是我在求一个在非闭区间上连续的一元函数 $f(x)$ 之最值时所采用的一种方法. 后来，我发现这种方法在求一个在非闭区域上连续的多元函数之最值时也能采用,甚至在求条件最值时也能采用,我还曾用它结合其他技巧解决了新近国外杂谈里的一个公开题.因此,我把这种方法概括得很抽象,并把它叫成了舍弃原理.

现在我先介绍舍弃原理,再结合求一个在某区间上连续的一元函数 $f(x)$ 之最值来讲它的应用.

舍弃原理 设要求某个函数在集合 E 中所有点处之函数值的最大者.如 $D \subset E$,而对 D 中每个点处之函数值,在 $E \backslash D$ 中有一个相应点处之函数值大于它.则在任何包含于 D 中之 D' 的所有点处之函数值都不是 E 中所有点处之函数值的最大者,可将它们舍弃. E 中所有点处之函数值的最大值,只能在 $E \backslash D'$ 上取得,并且只要 $E \backslash D'$ 中之函数值存在最大者,它必然是 E 中所有点之函数值的最大者.

证 第一部分的结论是明显的,只证第二部分结论,设函数值 M 为 $E \backslash D$ 中所有点处之函数值的最大者,则 M 大于或等于 $E \backslash D'$ 中所有点处之函数值,当然大于或等于 $E \backslash D$ 中所有点处之函数值(因为 $E \backslash D' \supset E \backslash D$),并且 D 中每一点的函数值必小于 $E \backslash D'$ 中一相应点处之函数值,从而也小于或等于 M.所以 M 大于或等于 E 中所有点处之函数值,即 M 是所有 E 中之点处函数值之最大值.

设要求某个函数在集合 E 中所有点处之函数值的最小者,可作完全类似的讨论.

下面我们转过来谈谈求最值的问题.

(1)设 $f(x)$ 在 $[a,b]$ 上连续,我们要求 $f(x)$ 在 $[a,b]$ 上之最值.先把 $f(x)$ 在 $[a,b]$ 内所有可能使 $f(x)$ 取得最值之点都找出来,即所有使 $[f(x)]'$ 不存在或为 0 之点(称可疑点)都找出来.将这些可疑点之函数值和两端点的函数值进行比较,最大的就是 $f(x)$ 在 $[a,b]$ 上之最大值;最小的就是 $f(x)$ 在 $[a,b]$ 上之最小值.

证 因为 $f(x)$ 在闭区间 $[a,b]$ 上连续,它在 $[a,b]$ 上必有最大值和最小值.最大值、最小值只能在以上这些点处取得,且最大值必是这些点处函数值之最大者;最小值必是这些函数值之最小者.

(2)设 $f(x)$ 在非闭区间 $(a,b]$ 上连续,我们要求 $f(x)$ 在 $(a,b]$

上之最值,不能像(1)那么做,要考虑用舍弃原理,先把 $f(x)$ 在 $(a,$ $b]$ 内部的所有可疑点都找出来,将这些点的函数值及 $f(b)$ 中最大的及最小的都找出来. 设最大的为 $f(x_1)$,最小的为 $f(x_2)$. 再将它们与 $\lim\limits_{\substack{x \to a \\ x > a}} f(x) = l_1$ 比较. 若最大的 $f(x_1)$ 仍大,则 $f(x_1)$ 就是 $f(x)$ 在 $(a, b]$ 上之最大值;若最小的 $f(x_2)$ 仍小,则 $f(x_2)$ 就是 $f(x)$ 在 $(a, b]$ 上之最小值.

证 若 $f(x_1) > l_1$,则由局部估值定理,有 a 之右半净邻域 $(a, a+\delta)$,在 $(a, a+\delta)$ 上,$f(x) < f(x_1)$. 由舍弃原理,$f(x)$ 在 $(a, b]$ 之最大值只能在 $(a, b] \backslash (a, a+\delta) = [a+\delta, b]$ 上取得,并且 $f(x)$ 在 $[a+\delta, b]$ 上之最大值就是 $f(x)$ 在 $(a, b]$ 上之最大值. 现在 $x_1 \in [a+\delta, b]$,$f(x_1)$ 不小于所有可疑点之函数值,$f(x_1) \geqslant f(b)$ 且

$$f(x_1) \geqslant f(a+\delta) = \lim_{\substack{x \to a+\delta \\ x < a+\delta}} f(x)$$

所以 $f(x_1)$ 为 $f(x)$ 在 $[a+\delta, b]$ 上之最大值,也是 $f(x)$ 在 $(a, b]$ 上之最大值.

当 $f(x_2) < l_1$ 时,它会是 $f(x)$ 在 $(a, b]$ 上之最小值,可同样证明.

当 $f(x)$ 在 $[a, b)$ 上连续,而要求它在 $[a, b)$ 点之最值,做法类似.

当 $f(x)$ 在 (a, b) 上连续,而要求它在 (a, b) 点之最值时,做法如下:先求出 $f(x)$ 在 (a, b) 内的所有可疑点,并将这些可疑点处之函数值进行比较. 设最大的为 $f(x_1)$,最小的为 $f(x_2)$,再将它们与 $\lim\limits_{\substack{x \to a \\ x > a}} f(x) = l_1$,$\lim\limits_{\substack{x \to b \\ x < b}} f(x) = l_2$ 比较.

如果 $f(x_1) > \max\{l_1, l_2\}$,则 $f(x_1)$ 是 $f(x)$ 在 (a, b) 上之最大值;

如果 $f(x_2) < \min\{l_1, l_2\}$,则 $f(x_2)$ 是 $f(x)$ 在 (a, b) 上之最小值.

$f(x)$ 在非闭区间上连续时,$f(x)$ 在此非闭区间上之最大、最小值可不存在.

35. 什么是函数 $f(x)$ 图形之拐点?

数学百科全书里是这样定义的:若 x_0 是 $f(x)$ 凹、凸区间之分界点,且函数图形在 $(x_0, f(x_0))$ 处有切线,则称 $(x_0, f(x_0))$ 为函数 $f(x)$ 图形之拐点.

在有些教材中,却把定义中要求 $f(x)$ 之图形在 $(x_0, f(x_0))$ 处有切线的条件去掉了,这就错了. 他们不知道在高等数学课里,把研究函数图形编入教材之前,人们早就对曲线上各种特殊点,根据它们的简单几何特性,给它们取了各种名称. 例如:

拐点:曲线上之动点通过此点时,将从曲线切线的一侧拐到曲线切线之另一侧.

角点:曲线上动点移经此点时,将折过一个角度再移动.

回头点:曲线上动点移到此点时,要折回头再移(折过 π 弧度再移).

二重点:曲线上动点会沿曲线经过此点两次.

四重点:曲线上之动点会沿曲线经过此点四次.

—— 一条都是二重点的线段.

一条没有重点的曲线,就称为简单曲线,等等.

数学百科全书里的定义是由这些早已经有了的名称而来的,因为函数图形在 $(x_0, f(x_0))$ 处有切线时,动点沿图形经过此点时,刚好从此点切线之一侧拐到了另一侧,所以叫拐点. 没有切线时,凹凸弧之分界点是角点,敢破敢立,是好的,但切忌乱破乱立.

36. 什么叫 l′ Hospital – Schtoltz 法则?

l′ Hospital 法则,本来是用来求不空型"$\frac{\infty}{\infty}$"之值的. 后来有人将

Schtoltz 讨论数列极限时所用的一种方法移植到 l'Hospital 法则中，使得这种法则可以用来求"$\dfrac{\times}{\infty}$"之值（即分子的极限，不论是什么数，甚至可以不存在）. 所以把这种法则叫做 l'Hospital-Schtoltz 法则，这个法则说的是：

若 $\lim\limits_{\substack{x\to a\\x>a}} \dfrac{f(x)}{g(x)} = "\dfrac{\times}{\infty}"$，$\dfrac{[f(x)]'}{[g(x)]'}$ 在 a 之右边邻域有意义，则

$$\lim_{\substack{x\to a\\x>a}} \frac{f(x)}{g(x)} = \lim_{\substack{x\to a\\x>a}} \frac{[f(x)]'}{[g(x)]'}$$

只要右边确实是一个数 l'.

这个法则的证明有些麻烦，它是根据极限定义，对任一正数 ε，来逐步找出一个 a 的右半邻域 $(a, a+\delta)$，使 $x \in (a, a+\delta)$ 时，$\left|\dfrac{f(x)}{g(x)} - l\right| < \varepsilon$ 能成立. 一般书中，都不讲这个法则，以致有些教师对这个法则也不清楚. 下面我来给出这个法则的证明，我常把能不能看懂这个证明，当做能不能掌握极限严格论证方法的一块试金石，不知道同学们有没有兴趣试一下这块试金石，这可是一个硬壳果噢！

证　（只证 $\lim\limits_{\substack{x\to a\\x>a}} \dfrac{[f(x)]'}{[g(x)]'} = l$ 的情形）

对任一正数 ε，我们来找一个 $(a, a+\delta_0)$ 使 $x \in (a, a+\delta_0)$ 时，$\left|\dfrac{f(x)}{g(x)} - l\right| < \varepsilon$. 首先，对任一正数 ε，有 $(a, a+\delta)$ 使 $x \in (a, a+\delta)$ 时，$\left|\dfrac{[f(x)]'}{[g(x)]'} - l\right| < \dfrac{\varepsilon}{2}$，即

$$l - \frac{\varepsilon}{2} < \frac{[f(x)]'}{[g(x)]'} < l + \frac{\varepsilon}{2}$$

再在 $(a, a+\delta)$ 中取定一个 x_1，则当 $x \in (a, x_1)$ 时

$$l - \frac{\varepsilon}{2} < \frac{f(x) - f(x_1)}{g(x) - g(x_1)} = \frac{[f(x)]' \big|_{x=\xi}}{[g(x)]' \big|_{x=\xi}} < l + \frac{\varepsilon}{2}$$

此处用了 Cauchy 定理，因为 $[f(x)]'$，$[g(x)]'$ 都在 a 的右边邻域存在，且 $[g(x)]' \neq 0$，并且 $a < x < \xi < x_1 < a+\delta$.

即
$$l - \frac{\varepsilon}{2} < \frac{\frac{f(x)}{g(x)} - \frac{f(x_1)}{g(x)}}{1 - \frac{g(x_1)}{g(x)}} < l + \frac{\varepsilon}{2}$$

由于 $x > a$ 而 $x \to a$ 时，$g(x) \to \infty$，故有适当的 $(a, a+\delta)$，不妨取 $(a, a+\delta_1) \subset (a, x_1)$，使得 $x \in (a, a+\delta_1)$ 时，有 $1 - \frac{g(x_1)}{g(x)} > 0$. 从而有

$$\left(l - \frac{\varepsilon}{2}\right)\left(1 - \frac{g(x_1)}{g(x)}\right) < \frac{f(x)}{g(x)} - \frac{f(x_1)}{g(x)} < \left(l + \frac{\varepsilon}{2}\right)\left(1 - \frac{g(x_1)}{g(x)}\right)$$

即

$$\left(l - \frac{\varepsilon}{2}\right)\left(1 - \frac{g(x_1)}{g(x)}\right) + \frac{f(x_1)}{g(x)} < \frac{f(x)}{g(x)} <$$
$$\left(l + \frac{\varepsilon}{2}\right)\left(1 - \frac{g(x_1)}{g(x)}\right) + \frac{f(x_1)}{g(x)} \qquad (1)$$

由于 $x > a$ 而 $x \to a$ 时，$g(x) \to \infty$，故式 (1) 之左端，当 $x > a$ 而 $x \to a$ 时之极限为 $\left(l - \frac{\varepsilon}{2}\right)(1-0) + 0 > l - \varepsilon$. 故由局部估值定理知，有 $(a, a+\delta_2)$，当 $x \in (a, a+\delta_2)$ 时，可使

$$l - \varepsilon < \left(l - \frac{\varepsilon}{2}\right)\left(1 - \frac{g(x_1)}{g(x)}\right) + \frac{f(x_1)}{g(x)}$$

同理有 $(a, a+\delta_3)$，当 $x \in (a, a+\delta_3)$ 时，可使

$$\left(l + \frac{\varepsilon}{2}\right)\left(1 - \frac{g(x_1)}{g(x)}\right) + \frac{f(x_1)}{g(x)} < l + \varepsilon$$

令 $\delta_0 = \min\{\delta_1, \delta_2, \delta_3\}$，则当 $x \in (a, a+\delta_0)$ 时，可使

$$l - \varepsilon < \left(l - \frac{\varepsilon}{2}\right)\left(1 - \frac{g(x_1)}{g(x)}\right) + \frac{f(x_1)}{g(x)} < \frac{f(x)}{g(x)} <$$
$$\left(l + \frac{\varepsilon}{2}\right)\left(1 - \frac{g(x_1)}{g(x)}\right) + \frac{f(x_1)}{g(x)} < l + \varepsilon$$

即
$$\left|\frac{f(x)}{g(x)} - l\right| < \varepsilon$$

故
$$\lim_{\substack{x \to a \\ x > a}} \frac{f(x)}{g(x)} = l$$

此法则中将 $x > a$ 换成 $x < a$ 也能成立,所以有:

若 $\lim\limits_{x \to a} \dfrac{f(x)}{g(x)} = \text{``}\dfrac{\times}{\infty}\text{''}$, $\dfrac{[f(x)]'}{[g(x)]'}$ 在 a 左、右邻域都有意义,则

$$\lim_{x \to a} \frac{f(x)}{g(x)} = \lim_{x \to a} \frac{[f(x)]'}{[g(x)]'}$$

只要右端确实是一个数 l.

37. 在定点 x 邻近,只要 $f^{(n+1)}(x)$ 存在,则 $f(x)$ 的 n 阶 Taylor 多项式就是 $f(x + \Delta x)$ 的最好逼近

其他的 Δx 的 n 次多项式 $a_0 + a_1\Delta x + \cdots + a_n\Delta x^n$ 都不能使

$$\lim_{\Delta x \to 0} \frac{f(x + \Delta x) - (a_0 + a_1\Delta x + \cdots + a_n\Delta x^n)}{\Delta x^n} = 0 \qquad (1)$$

而 n 阶 Taylor 多项式则能.

譬如说,如 $a_0 \neq f(x)$,则式(1)的极限就是 ∞. 故 $a_0 = f(x)$,如 $a_1 \neq \dfrac{f(x)}{1!}$,则式(1)的极限仍是 $\infty \cdots$,直到 $a_n = \dfrac{f(x)}{n!}$,上面的极限才是 0 ,亦即

$$\lim_{\Delta x \to 0} \frac{f(x + \Delta x) - \left[f(x) + \dfrac{f'(x)}{1!}\Delta x + \cdots + \dfrac{f^{(n)}(x)}{n!}\Delta x^n \right]}{\Delta x^n} = 0$$

$$(2)$$

式(2)也可以写成

$$f(x + \Delta x) - \left[f(x) + \frac{f'(x)}{1!}\Delta x + \cdots + \frac{f^{(n)}(x)}{n!}\Delta x^n \right] = o(\Delta x^n)$$

或

$$f(x + \Delta x) = f(x) + \frac{f'(x)}{1!}\Delta x + \cdots + \frac{f^{(n)}(x)}{n!}\Delta x^n + o(\Delta x^n)$$

称为有 Peano 余项的 Taylor 公式.

38. 关于原函数的若干问题

设 $f(x)$ 为能够在区间 I 上确定的函数，$F(x)$ 为确定在 I 上的函数，若 $[F(x)]' = f(x)$ 在 I 上，则称 $F(x)$ 为 $f(x)$ 在 I 上的原函数.

关于原函数有若干问题：

(1) 是否任何能够在 I 上确定的函数 $f(x)$ 都有在 I 上的原函数？

(2) 要满足什么条件才能有？

(3) 有多少个原函数？

(4) 怎么求？

分别回答如下：

(1) 并非任何能够在 I 上确定的 $f(x)$ 都有在 I 上的原函数，当 $f(x)$ 在 I 的一个内点 x_0 处有间断时，就没有.

证 用反证法. 假如 $f(x)$ 在 I 上有原函数 $F(x)$，则 $F(x)$ 在 I 上连续，且 $[F(x)]'|_{x=x_0} = f(x_0)$. 而 $F(x)$ 在 x_0 之右导数为

$$[F(x)]'_+ |_{x=x_0} = \lim_{\substack{\Delta x \to 0 \\ \Delta x > 0}} \frac{F(x_0 + \Delta x) - F(x_0)}{\Delta x} =$$

$$\lim_{\substack{\Delta x \to 0 \\ \Delta x > 0}} \frac{[F(x)]'|_{x = x_0 + \theta \Delta x} \Delta x}{\Delta x} =$$

$$\lim_{\substack{\Delta x \to 0 \\ \Delta x > 0}} f(x_0 + \theta \Delta x) = \lim_{\substack{\Delta \mu \to 0 \\ \mu > 0}} f(x_0 + \mu)$$

（对 $F(x)$ 在 $[x_0, x_0 + \Delta x]$ 上用中值定理，因 $\Delta x \to 0$ 时，$\mu = \theta \Delta x \to 0$ 而不等于 0）

同理，$F(x)$ 在 x_0 处之左导数为

$$[F(x)]'_- |_{x=x_0} = \lim_{\substack{\mu \to 0 \\ \mu < 0}} f(x_0 + \mu)$$

因为 $F(x)$ 在 x_0 处导数存在的条件为

$$[F(x)]'_+ |_{x=x_0} = [F(x)]'_- |_{x=x_0}$$

此时 $[F(x)]'|_{x=x_0} = [F(x)]'_+|_{x=x_0} = [F(x)]'_-|_{x=x_0}$，故必有

$$\lim_{\substack{\mu \to 0 \\ \mu > 0}} f(x_0 + \mu) = \lim_{\substack{\mu \to 0 \\ \mu < 0}} f(x_0 + \mu)$$

且此时

$$f(x_0) = \lim_{\substack{\mu \to 0 \\ \mu > 0}} f(x_0 + \mu) = \lim_{\substack{\mu \to 0 \\ \mu < 0}} f(x_0 + \mu)$$

这与 $f(x)$ 在 x_0 处间断，矛盾.

(2) 当 $f(x)$ 在 I 上连续时，$f(x)$ 在 I 上就有原函数. 这是由定积分理论中的不定积分基本定理保证了的.

(3) $f(x)$ 在 I 上的原函数或者没有，或者有无穷多个. 因为如果有一个原函数 $F(x)$，则对任何常数 c，$F(x) + c$ 也是 $f(x)$ 在 I 上的原函数.

(4) 若 $F(x)$ 为 $f(x)$ 在 I 上的一个原函数，则 $F(x) + c$ 都是 $f(x)$ 在 I 上的原函数. 并且我们还知道任何 $f(x)$ 在 I 上的原函数 $\Phi(x)$ 也必定是 $F(x) + c$ 的形式.

因为 $[\Phi(x) - F(x)]' = f(x) - f(x) = 0$ 在 I 上，所以 $\Phi(x) - F(x) = c$. 在 I 上，即 $\Phi(x) = F(x) + c$.

这也就是说，$F(x) + c$ 是 $f(x)$ 在 I 上的原函数的一般表达式（其中 c 是任意常数），通常就把它叫做 $f(x)$ 在 I 上之不定积分. 在不致误会的情况下，也将它叫做 $f(x)$ 的不定积分，而记之为 $\int f(x)\mathrm{d}x$.

39. 当今所讲的不定积分是 Newton 及他的后继者所做的工作，它只研究对能简单表达的函数，求其能简单表达的原函数的问题

Newton 的时代，还没有函数的一般概念，只有一些简单表达的函数概念，所以他只能对简单表达的函数来求它能简单表达的原函数. 虽然如此，他还是解决了不少运动学里的问题，赢得了人们的高

度评价,他的后继者循着他的道路继续走下去,把对简单表达的函数,求它能简单表达的原函数的内容搞得更丰富和充实,就形成了今天所谓的不定积分. 换句话说,今天的不定积分就是求被积函数和原函数都是简单表达的不定积分.

这种不定积分,由于它对被积函数和原函数限制得都很狭窄,已不适应科技日益发展的需要,并且由于计算技术的快速进步,人们已不在乎函数的定值法则是否简单,对于很复杂的定值法则所表达的函数都能快速地把它们近似地表达出来,并且许多实际问题也往往可直接求得高精度的近似解答,而不必通过不定积分,再作研究和计算,何况不定积分还不是都能求得. 所以不定积分的地位已日益衰落.

但是我们在学习时,还必须把基本积分法掌握好,能利用它们来求一些不太复杂的不定积分. 因为这种不定积分往往随时随地都会出现,并且要求我们立即求出.

40. 为什么在求不定积分时,不强调求的是什么区间上的不定积分?

由于简单表达的函数,将自变量 x 换成取复数时,也能有意义,并且是所谓的解析函数,解析函数具有所谓恒等关系持续性:任何一个由解析函数构成的式子,如果还是一个解析函数,只要它在 I_1 上为 0,则它必然在 I_2 上也为 0. 譬如说,$[F(x)+c]'-f(x)$ 还是一个解析函数,只要它在 I_1 上为 0,则它必然在任何 I_2 上也为 0. 所以说,$F(x)+c$ 是 $f(x)$ 在 I_1 上的不定积分,则它必然是 $f(x)$ 在 I_2 上的不定积分. 这也就是说,$F(x)+c$ 是 $f(x)$ 在哪个区间上的不定积分并没有关系. 因此,往往就不说 $F(x)+c$ 是 $f(x)$ 在哪个区间上的不定积分了. 但是由于 x 取复数时,$\sqrt{x^2}=x$,而 x 取实数时,$\sqrt{x^2}=|x|$,所以有时 $f(x)$ 有"$\sqrt{}$"时,它在不同区间上的不定积分也会

略有正负号的不同.

对不是简单表达的函数,情况就不同了.例如,

$$f(x) = \begin{cases} x, & -\infty < x < 0 \\ xe^x, & 0 \leqslant x < \infty \end{cases}$$

当 I_1 是落在负数轴的区间时,$f(x)$ 在 I_1 上的不定积分为 $\dfrac{x^2}{2} + c$;

当 I_2 是落在正数轴的区间时,$f(x)$ 在 I_2 上的不定积分为 $(x-1)e^x + c$. 它们并不相同.

41. 有关定积分定义的一些问题

高等数学中各种有关多元函数的积分的定义都是从定积分的定义类推出来的,所以我们不厌其烦地将定积分的定义复述一下.

设 $[a,b]$ 为一给定区间,$f(x)$ 在此区间上有界,则我们定义下列特定和式之极限为 $f(x)$ 在 $[a,b]$ 上之定积分.

(1) 在 $[a,b]$ 上取分点 $x_1, x_2, \cdots, x_{n-1}$,将 $[a,b]$ 分成 n 个小区间 $\Delta x_1, \Delta x_2, \cdots, \Delta x_n$. 要求 $n \to +\infty$ 时,各小区间之最大长度趋近于 0.

(2) 在每个区间 Δx_i 中,任取一计值点 ξ_i,算出 $f(\xi_i)$ 之值($i = 1, 2, \cdots, n$).

(3) 作出特定和式 $\sum\limits_{n=1}^{n} f(\xi_i) \Delta x_i$(此处 Δx_i 表示小区间 Δx_i 之长度).

(4) 求出 $\lim\limits_{n \to +\infty} \sum\limits_{i=1}^{n} f(\xi_i) \Delta x_i$.

如果这个极限与分点及计值点之取法无关,则就称此特定和式之极限为 $f(x)$ 在 $[a,b]$ 上之定积分,记作 $\displaystyle\int_{[a,b]} f(x)\mathrm{d}x$ 或 $\displaystyle\int_a^b f(x)\mathrm{d}x$. 当 $[a,b]$ 退化为一点 $\{a\}$ 时,此定积分之值为 0.

在这个定义中,有同学会问,为什么要将无限区间及无界函数排除在外,不用特定和式之极限来定义它们的定积分? 这是因为对无

限区间来说,用分点 $x_1, x_2, \cdots, x_{n-1}$ 将它分成 n 个小区间,总有一个小区间是无限区间,它没有长度可言,我们根本得不到特定和式,还有什么它的极限可言? 对无界函数来说,特定和式之和,会因计值点的选法改变而出现大幅度的变动,而不会有极限. 例如

$$f(x) = \begin{cases} \dfrac{1}{\sqrt{x}}, & x \neq 0 \\ 0, & x = 0 \end{cases}, \quad [a,b] = [0,1]$$

我们用 $x_1, \cdots, x_{n-1}$ 将 $[0,1]$ 分成 n 个等长的小区间,每个小区间的长度为 $\dfrac{1}{n}$,它随 $n \to +\infty$ 而趋近于 0. 再在 Δx_1 中取 $\xi_1 = \dfrac{1}{n^4}$,而其他 ξ_i 随便取,则得特定和式

$$\sqrt{n^4}\,\frac{1}{n} + \xi_2\,\frac{1}{n} + \cdots + \xi_n\,\frac{1}{n} > n$$

当 $n \to +\infty$ 时,它趋近于 $+\infty$.

对这种无限区间或无界函数的情形,我们用另外的方式来定义它们的积分,这就是以后会谈到的旁义积分(或广义积分),现在可暂时不管.

是不是对有限区间 $[a,b]$ 及有界函数 $f(x)$,这种特定和式之极限 $\int_{[a,b]} f(x)\mathrm{d}x$ 就一定存在呢? 也不一定,例如,对 Diriehler 函数

$$f(x) = \begin{cases} 1, & \text{当 } x \text{ 为有理数} \\ 0, & \text{当 } x \text{ 为无理数} \end{cases}, \quad [a,b] = [0,1]$$

我们将 $[0,1]$ 任意分成 n 个小区间 $\Delta x_1, \cdots, \Delta x_n$(要求 $n \to +\infty$ 时,各小区间之最大长度趋近于 0),而将每个 ξ_i 都取为无理数,则特定和式

$$f(\xi_1)\Delta x_1 + f(\xi_2)\Delta x_2 + \cdots + f(\xi_n)\Delta x_n =$$
$$0 \cdot \Delta x_1 + 0 \cdot \Delta x_2 + \cdots + 0 \cdot \Delta x_n = 0$$

当 $n \to +\infty$ 时,它趋近于 0.

若将每个 ξ_i 都取为有理数,则特定和式
$$f(\xi_1)\Delta x_1 + f(\xi_2)\Delta x_2 + \cdots + f(\xi_n)\Delta x_n =$$

$$1 \cdot \Delta x_1 + \cdots + 1 \cdot \Delta x_n = \text{“}[0,1]\text{之长度”} = 1$$

当 $n \to +\infty$ 时,它趋近于 1.

故特定和式之极限,还是与各 ξ_i 之选法有关,所以 $\int_{[0,1]} f(x)\mathrm{d}x$ 是不存在的.

那么,在什么情况下,$\int_{[a,b]} f(x)\mathrm{d}x$ 会存在呢? 我们说,当 $f(x)$ 在 $[a,b]$ 上连续或分段连续时,$\int_{[a,b]} f(x)\mathrm{d}x$ 就存在(在间断点处函数之值可随意定,不影响定积分之值).

我们以后经常会设 $f(x)$ 在 $[a,b]$ 上分段连续,从而 $\int_{[a,b]} f(x)\mathrm{d}x$ 存在,并且称 $f(x)$ 为被积函数,$f(x)\mathrm{d}x$ 为被积式,$[a,b]$ 为积分区间,"$\int$" 为积分号.

42. 有关定积分基本性质的一些问题

定积分有下列一些基本性质:

(1)齐次性. 若 $f(x)$ 在 $[a,b]$ 上分段连续,则 $kf(x)$ 也在 $[a,b]$ 上分段连续且

$$\int_{[a,b]} kf(x)\mathrm{d}x = k\int_{[a,b]} f(x)\mathrm{d}x$$

(2)可和性. 若 $f_1(x),f_2(x)$ 都在 $[a,b]$ 上分段连续,则 $f_1(x)+f_2(x)$ 也在 $[a,b]$ 上分段连续,且

$$\int_{[a,b]} [f_1(x) + f_2(x)]\mathrm{d}x = \int_{[a,b]} f_1(x)\mathrm{d}x + \int_{[a,b]} f_2(x)\mathrm{d}x$$

(3)可加性. 若 $f(x)$ 在 $[a,b]$ 上分段连续,c 将 $[a,b]$ 分成两个小区间 $[a,c],[c,b]$,则 $f(x)$ 在 $[a,c],[c,b]$ 上都分段连续,且

$$\int_{[a,b]} f(x)\mathrm{d}x = \int_{[a,c]} f(x)\mathrm{d}x + \int_{[c,b]} f(x)\mathrm{d}x$$

(4) 保序性. 若 $f_1(x),f_2(x)$ 都在 $[a,b]$ 上分段连续,且 $f_1(x) \leqslant f_2(x)$,则

$$\int_{[a,b]} f_1(x)\mathrm{d}x \leqslant \int_{[a,b]} f_2(x)\mathrm{d}x$$

(5) 估值性. 若 $f(x)$ 在 $[a,b]$ 上分段连续,则 $|f(x)|$ 也在 $[a,b]$ 上分段连续,且

$$\left| \int_{[a,b]} f(x)\mathrm{d}x \right| \leqslant \int_{[a,b]} |f(x)| \mathrm{d}x$$

(6) 中值定理. 若 $f(x)$ 在 $[a,b]$ 上连续,则必有 $\xi \in [a,b]$,使

$$\frac{1}{b-a}\int_{[a,b]} f(x)\mathrm{d}x = f(\xi)$$

一般教材中讲的也就是这些基本性质,但是还有一个也很基本的性质,这就是 $\int_{[a,b]} 1\mathrm{d}x = b-a$. 有了这个性质之后,我们才能得到

$$\int_{[a,b]} k\mathrm{d}x = k\int_{[a,b]} 1\mathrm{d}x = k(b-a)$$

所以我把它也作为定积分的一个基本性质,称为 1 积分性,即

$$\int_{[a,b]} 1\mathrm{d}x = b-a$$

讲到这里,似乎把定积分的基本性质都讲完了,但是我们还有一个问题要讲讲.

在定积分里,通常都会定义一个新记号:

$$\int_b^a f(x)\mathrm{d}x = -\int_a^b f(x)\mathrm{d}x = -\int_{[a,b]} f(x)\mathrm{d}x$$

有了这个新记号后,我们恒有

$$\int_a^b f(x)\mathrm{d}x + \int_b^c f(x)\mathrm{d}x = \int_a^c f(x)\mathrm{d}x$$

不管 a,b,c 的大小顺序如何(对 $f(x)$ 有分段连续的要求),这是非常方便的,但是这样一来,定积分的基本性质会稍有变动,基本性质中只牵涉到等号的都不变,牵涉到不等号的有变动.

如保序性就变成,若 $f_1(x) \leqslant f_2(x)$,则

$$\int_b^a f_1(x)\mathrm{d}x \geqslant \int_b^a f_2(x)\mathrm{d}x$$

（因为 $\int_a^b f_1(x)\mathrm{d}x \leqslant \int_a^b f_2(x)\mathrm{d}x$）

估值性就变成

$$\left| -\int_b^a f(x)\mathrm{d}x \right| \leqslant -\int_b^a |f(x)|\mathrm{d}x$$

用这个不等式来估计定积分之值很不方便，人们把它写成

$$\left| \int_b^a f(x)\mathrm{d}x \right| \leqslant \left| -\int_b^a f(x)\mathrm{d}x \right| \leqslant -\int_b^a |f(x)|\mathrm{d}x \leqslant$$

$$\left| \int_b^a |f(x)|\mathrm{d}x \right|$$

再和原来的

$$\left| \int_a^b f(x)\mathrm{d}x \right| \leqslant \int_a^b |f(x)|\mathrm{d}x = \left| \int_a^b |f(x)|\mathrm{d}x \right|$$

放在一起来看，就知道

$$\left| \int_a^b f(x)\mathrm{d}x \right| \leqslant \left| \int_a^b |f(x)|\mathrm{d}x \right|$$

不管 a 在下，b 在上或是 a 在上，b 在下都是成立的，这是很方便的.

今后，我们讲估值性都指的是这个新的有绝对值的不等式.

43. 微积分基本定理及其强化形式

顾名思义，微积分基本定理应该是微积分里最基本的定理. 有些初学者以为它是 Newton - Leibniz 公式，这是不对的. 它指的是以下的定理：

微积分基本定理　若 $f(x)$ 在 $[a,b]$ 上连续，c 是 (a,b) 中一个固定点，则

(1) $\int_c^x f(t)\mathrm{d}t$ 是在 $[a,b]$ 上确定的一个积分上限 x 的函数，记

作 $\Phi(x)$.

(2)$\Phi(x)$ 在 $[a,b]$ 上连续.

(3)$\Phi(x)$ 在 $[a,b]$ 中任一点 x 处之导数等于被积函数在该点处之值 $f(x)$.

由于这个定理很重要,我们现在讲述它的证明.

证 (1) 当积分上限 x 之值一经指定,$\int_c^x f(t)\mathrm{d}t$ 之值也就随之而唯一确定.所以它是 x 的函数,确定在 $[a,b]$ 上,不过求 $\int_c^x f(t)\mathrm{d}t$ 随 x 而定之值是很复杂的,要求一个特定和式的极限才能求出.

(2) 由于 $f(x)$ 在 $[a,b]$ 上有界,$|f(x)|\leqslant M$,所以任取 $x,x+\Delta x\in[a,b]$ 有

$$|\Phi(x+\Delta x)-\Phi(x)|=\left|\int_c^{x+\Delta x}f(t)\mathrm{d}t-\int_c^x f(t)\mathrm{d}t\right|=$$

$$\left|\int_x^{x+\Delta x}f(t)\mathrm{d}t\right|\leqslant$$

$$\left|\int_x^{x+\Delta x}|f(t)|\mathrm{d}t\right|\leqslant$$

$$\left|\int_x^{x+\Delta x}M\mathrm{d}t\right|\leqslant M|\Delta x|$$

当 $\Delta x\to0$ 时,$|\Phi(x+\Delta x)-\Phi(x)|\to0$,所以 $\Phi(x)$ 在 $[a,b]$ 上连续.

(3) 对任何 $x,x+\Delta x\in[a,b]$

$$\frac{\Phi(x+\Delta x)-\Phi(x)}{\Delta x}=\frac{\int_c^{x+\Delta x}f(t)\mathrm{d}t-\int_c^x f(t)\mathrm{d}t}{\Delta x}=$$

$$\frac{\int_x^{x+\Delta x}f(t)\mathrm{d}t}{\Delta x}=\frac{f(\xi)\Delta x}{\Delta x}$$

(因 $f(t)$ 在 x 到 $x+\Delta x$ 的区间 I 上连续,可用积分中值定理)

而 $\dfrac{f(\xi)\Delta x}{\Delta x}\to f(x)$(因 $\xi\in I$ 且 $f(t)$ 在 I 上连续)

所以 $$\lim_{\Delta x\to0}\frac{\Phi(x+\Delta x)-\Phi(x)}{\Delta x}=f(x) \tag{1}$$

当 x 为 b 时式(1)应为

$$\lim_{\substack{\Delta x \to 0 \\ \Delta x < 0}} \frac{\varPhi(b + \Delta x) - \varPhi(b)}{\Delta x} = f(b)$$

即

$$\left[\varPhi(x)\right]'_- \big|_{x=b} = f(b)$$

当 x 为 a 时式(1)应为

$$\lim_{\substack{\Delta x \to 0 \\ \Delta x > 0}} \frac{\varPhi(a + \Delta x) - \varPhi(a)}{\Delta x} = f(a)$$

即

$$\left[\varPhi(x)\right]'_+ \big|_{x=a} = f(a)$$

(3)的证明中,除两处有注的地方,用到了 $f(t)$ 在 x 到 $x + \Delta x$ 之间的区间 I 上连续之外,其余用到的都是定积分的基本性质.

把定理中 $f(t)$ 在 $[a,b]$ 上连续,改为 $f(t)$ 在 $\langle a,b \rangle$ 上分段连续,得强化微积分基本定理.

若 $f(t)$ 在 $\langle a,b \rangle$ 上分段连续,c 为 (a,b) 中一固定点,则

(1) $\int_c^x f(t)\mathrm{d}t$ 是一个积分上限 x 的函数,确定在 $\langle a,b \rangle$ 上,记之为 $\varPhi(x)$.

(2) $\varPhi(x)$ 是在 $\langle a,b \rangle$ 上连续的.

(3) 在 $f(t)$ 的任一个连续点 x 处,$\left[\int_c^x f(t)\mathrm{d}t\right]' = f(x)$.

证 (1)同前,略.

(2)同前,略.

(3)设 x 为某个不含 $f(t)$ 之间断点的区间的一个内点,我们可取 Δx 充分小,使 $x + \Delta x$ 也在这个区间之内,于是 $f(x)$ 在 x 到 $x + \Delta x$ 之间的区间 I 上连续,我们可以用证明微积分基本定理(3)的方法来证明这里的(3).

强化微积分基本定理把微积分基本定理中的条件 $f(t)$ 在 $[a,b]$ 上连续减弱为 $f(t)$ 在 $\langle a,b \rangle$ 上分段连续,它的结论也从原来的 $\left[\varPhi(x)\right]' = f(x)$ 减弱为 $\left[\varPhi(x)\right]' = f(x)$ 在 $f(t)$ 之连续点 x 处,也算是有得有失吧!

任何一个函数 $\varTheta(x)$,如果能使 $\left[\varTheta(x)\right]' = f(x)$,在 $f(t)$ 之连续

点 x 处成立,则我们称 $\Theta(x)$ 是 $f(t)$ 在 $\langle a,b \rangle$ 上的一个广义原函数.

44. 不定积分基本定理及其强化形式

不定积分基本定理. 若 $f(t)$ 在 $\langle a,b \rangle$ 上连续,则 $f(x)$ 在 $\langle a,b \rangle$ 上必有原函数 $\Phi(x) = \int_c^x f(t)\,\mathrm{d}t$.

证 $\Phi(x) = \int_c^x f(t)\,\mathrm{d}t$ 在 $\langle a,b \rangle$ 上能确定是明显的,并且微积分基本定理证(3),对任何 $x, x + \Delta x \in (a,b)$ 也完全可用. 所以 $\Phi(x)$ 是 $f(x)$ 在 $\langle a,b \rangle$ 上的原函数.

强化不定积分基本定理,若 $f(x)$ 在 $\langle a,b \rangle$ 上分段连续,则

(1) 它在 $\langle a,b \rangle$ 上必有一连续的广义原函数,$\Phi(x) = \int_c^x f(t)\,\mathrm{d}t$.

(2) 若 $\Theta(x)$ 为 $f(x)$ 在 $\langle a,b \rangle$ 上的一个连续的广义原函数,则它必是 $\Phi(x) + c$ 的形式,其中 c 为常数.

证 (1) 在强化微积分基本定理中已讲了.

(2) 由于 $[\Theta(x) - \Phi(x)]' = 0$ 在 $f(x)$ 的连续点处,所以 $\Theta(x) - \Phi(x) =$ 常数,在各个 $f(x)$ 连续的区间上,但 $\Theta(x) - \Phi(x)$ 是 $\langle a,b \rangle$ 上连续的函数. 它不会取不同的常数值(否则与介值定理矛盾),所以 $\Theta(x) - \Phi(x)$ 只能取一个常数值,即 $\Theta(x) = \Phi(x) + c$.

45. Newton – Leibniz 公式(N – L 公式)及其强化形式

N-L公式. 若 $f(x)$ 在 $[a,b]$ 上连续,且 $[F(x)]' = f(x)$ 在 $[a,b]$ 上,则

$$\int_a^b f(x)\,\mathrm{d}x = F(x)\,\big|_a^b = F(b) - F(a)$$

证 因为 $[\Phi(x) - F(x)]' = f(x) - f(x) = 0$,在 $[a,b]$ 上,所以 $\Phi(x) - F(x) = c(c$ 为常数),在 $[a,b]$ 上,令 $x = a, b$,得

$$\Phi(a) - F(a) = c, \quad \Phi(b) - F(b) = c$$

所以

$$F(b) - F(a) = \Phi(b) - \Phi(a) = \int_c^b f(x)\mathrm{d}x - \int_c^a f(x)\mathrm{d}x = \int_a^b f(x)\mathrm{d}x$$

强化 N-L 公式. 若 $f(x)$ 在 $[a,b]$ 上分段连续,$\Theta(x)$ 为 $f(x)$ 在 $[a,b]$ 上之广义原函数,且 $\Theta(x)$ 在 $[a,b]$ 上连续,则

$$\int_a^b f(x)\mathrm{d}x = \Theta(x) \mid_a^b = \Theta(b) - \Theta(a)$$

证 在 $\Theta(x) = \Phi(x) + c$ 中令 $x = a, b$,代入得

$$\Theta(b) = \Phi(b) + c, \quad \Theta(a) = \Phi(a) + c$$

所以

$$\Theta(b) - \Theta(a) = \Phi(b) - \Phi(a) = \int_c^b f(x)\mathrm{d}x - \int_c^a f(x)\mathrm{d}x = \int_a^b f(x)\mathrm{d}x$$

46. 分部积分定理及其强化形式

分部积分定理. 若 $f(x), g(x)$ 在 $[a,b]$ 上都有连续导数,则

$$\int_a^b f(x)g'(x)\mathrm{d}x = [f(x)g(x)] \mid_a^b - \int_a^b f'(x)g(x)\mathrm{d}x$$

证 由于 $f(x), g(x), f'(x), g'(x)$ 都在 $[a,b]$ 上连续,所以

$$\int_a^b f(x)g'(x)\mathrm{d}x = \int f(x)g'(x)\mathrm{d}x \bigg|_a^b =$$

$$\left[f(x)g(x) - \int f'(x)g(x)\mathrm{d}x \right] \bigg|_a^b =$$

$$[f(x)g(x)] \bigg|_a^b - \int f'(x)g(x)\mathrm{d}x \bigg|_a^b =$$

$$[f(x)g(x)] \bigg|_a^b - \int_a^b f'(x)g(x)\mathrm{d}x$$

强化分部积分定理. 若 $f(x), g(x)$ 在 $[a,b]$ 上连续,且 $f'(x)$,$g'(x)$ 在 $[a,b]$ 上分段连续,则

$$\int_a^b f(x)g'(x)\mathrm{d}x = [f(x)g(x)] \bigg|_a^b - \int_a^b f'(x)g(x)\mathrm{d}x$$

证 因为

$$[f(x)g(x)]' = f'(x)g(x) + f(x)g'(x)$$

在 $f(x), g(x)$ 可导之点都成立. 所以 $f(x)g(x)$ 是分段连续函数 $f'(x)g(x) + f(x)g'(x)$ 之广义原函数, 但它又是连续函数, 所以由强化 N–L 公式得

$$\int_a^b [f'(x)g(x) + f(x)g'(x)]\mathrm{d}x = [f(x)g(x)]\Big|_a^b$$

现在 $f'(x)g(x), f(x)g'(x)$ 都是分段连续函数, 它们的积分都存在. 所以

$$\int_a^b [f'(x)g(x) + f(x)g'(x)]\mathrm{d}x = \int_a^b f'(x)g(x)\mathrm{d}x +$$

$$\int_a^b f(x)g'(x)\mathrm{d}x = [f(x)g(x)]\big|_a^b$$

即 $$\int_a^b f(x)g'(x)\mathrm{d}x = [f(x)g(x)]\Big|_a^b - \int_a^b f'(x)g(x)\mathrm{d}x$$

这也就是说, 分部积分定理中, 两个导数连续的条件可减弱为分段连续, 但两个函数连续的条件不能动, 许多作者对分部积分定理的条件不注意, 造成了错误, 其中甚至有著名的学者, 所以同学们一定要注意.

47. 用微元法表达可加量之总值

这是工程中常用的一种很简单直观的表达可加量总值的一种方法, 而数学教材里往往不特意讲这种方法, 以致于工程技术里所用定积分来表达某些量之值与数学里讲的不协调, 我想详细介绍一下工程中常用的这种方法也有好处.

设 I 为 $[a,b]$ 中的可变区间, 如果一个量 U 之值, 随着 I 之取定而唯一确定, 则称量 U 为可变区间 I 之函数, 记作 $U = U(I)$. 当 $I = I_0$ 时, U 所相应之值就记为 $U(I_0)$, 当 $I = [a,b]$ 时, U 所相应之值 $U([a, b])$, 即称为 U 之总值.

例 设 $[a,b]$ 上有一曲边梯形,如图 18 所示.其曲边是一条光滑弧 $\overset{\frown}{cd}$,它的方程为 $y=f(x)$,确定在 $[a,b]$ 上.令在 $[a,b]$ 中可变区间 I 之上,而在 $\overset{\frown}{cd}$ 之下的曲边梯形面积为 S,则 $S=S(I)$ 是可变区间 I 之函数,令在 I 之上而在 $\overset{\frown}{cd}$ 上的一段弧长为 s,则 $s=s(I)$ 也是可变区间 I 之函数.

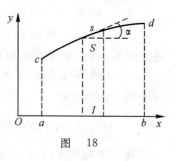

图 18

设 U 为可变区间 I 之函数 $U=U(I)$,且具有下列可加性:

若将 $[a,b]$ 任意地分为一些小区间 $I_1,I_2,\cdots,I_n$,则

$$U([a,b])=U(I_1)+U(I_2)+\cdots+U(I_n)$$

则我们将 U 称为一个可加量,像例中的 S 及 s 都是可加量.

微元法的核心是求可加量之微元,只要可加量的微元找到了,那么把可加量的微元一"积分",就是可加量的总值.什么叫可加量 U 的微元呢? 在 $[a,b]$ 内任一点 x 处,作一含有此点的小区间 $\mathrm{d}x$,如果可加量 U 在此小区间的相应值

$$U(\mathrm{d}x)\approx A(x)\mathrm{d}x$$

其中,右边的 $\mathrm{d}x$ 表示 $\mathrm{d}x$ 的长度,$A(x)$ 表示一个与 $\mathrm{d}x$ 无关之数,但可与 x 有关.并且 $\mathrm{d}x$ 越小就越精确,则我们把 $A(x)\mathrm{d}x$ 叫做 U 之微元,记作 $\mathrm{d}U$.

在上例中,$\mathrm{d}S=f(x)\mathrm{d}x$(因 $S(\mathrm{d}x)\approx f(x)\mathrm{d}x$,$\mathrm{d}x$ 越小,越精确),$\mathrm{d}s=\sqrt{1+[f(x)]'^2}\,\mathrm{d}x$(因 $s(\mathrm{d}x)\approx\sqrt{1+\tan^2\alpha}\,\mathrm{d}x=\sqrt{1+[f(x)]'^2}\,\mathrm{d}x$,$\mathrm{d}x$ 越小,越精确).

找到 U 的微元 $\mathrm{d}U$ 之后,将它一积分就等于 U 的总值,即

$$U([a,b])=\int_{[a,b]}A(x)\mathrm{d}x\quad(\text{只要定积分存在})$$

这可验证如下:将 $[a,b]$ 分成 n 个小区间 $\Delta x_1,\Delta x_2,\cdots,\Delta x_n$(要求 $n\to+\infty$ 时,各小区间最大长度趋近于 0).于是

$$U([a,b])=U(\Delta x_1)+U(\Delta x_2)+\cdots+U(\Delta x_n)\approx$$

$$A(\xi_1)\Delta x_1 + A(\xi_2)\Delta x_2 + \cdots + A(\xi_n)\Delta x_n$$
$$(\text{此处 } \xi_i \in \Delta x_i, i = 1, 2, \cdots, n)$$

$\Delta x_1, \Delta x_2, \cdots, \Delta x_n$ 越小,就越精确,但 n 越大,$\Delta x_1, \Delta x_2, \cdots, \Delta x_n$ 就越小.上式就越精确.所以可以认为

$$U[(a,b)] = \lim_{n \to +\infty} [A(\xi_1)\Delta x_1 + A(\xi_2)\Delta x_2 + \cdots + A(\xi_n)\Delta x_n] =$$
$$\int_{[a,b]} A(x)\mathrm{d}x$$

如上面的例中,

$$S([a,b]) = \int_{[a,b]} f(x)\mathrm{d}x$$

$$s([a,b]) = \int_{[a,b]} \sqrt{1 + [f(x)]'^2}\,\mathrm{d}x$$

这种方法用熟了,比通过作特定和式取极限来求可加量总值要快得多,只是求微元时,要凭直观,有些欠缺.

48. 两个特别有用的广义积分

(1)$\int_0^{+\infty} f(x)\mathrm{e}^{-px}\,\mathrm{d}x$.其中 $f(x)$ 在 $[0, +\infty)$ 上准分段连续(即 $f(x)$ 在任何 $[0, R]$ 上分段连续),$|f(x)| < \mathrm{e}^{\alpha x}$($\alpha$ 为正数),此广义积分在当 $p > \alpha$ 时是存在的.

证 由于 $p > \alpha$ 时,$|f(x)\mathrm{e}^{-(p-\alpha)x}| \to 0$,当 $x \to +\infty$.所以不难得到 $|f(x)\mathrm{e}^{-(p-\alpha)x}| \leqslant M\mathrm{e}^{-(p-\alpha)x}$,在 $[0, +\infty)$ 上,而

$$\int_0^{+\infty} M\mathrm{e}^{-(p-\alpha)x}\,\mathrm{d}x = \lim_{R \to +\infty} \frac{-M}{p-\alpha}\mathrm{e}^{-(p-\alpha)x}\bigg|_0^R = \frac{M}{\alpha}$$

故由广义积分的审敛法,即知 $\int_0^{+\infty} f(x)\mathrm{e}^{-px}\,\mathrm{d}x$ 存在,此积分与 $f(x)$ 有关,我们称它为 $f(x)$ 之 Laplace 变象.

(2)$\int_0^{+\infty} x^{t-1}\mathrm{e}^{-x}\,\mathrm{d}x$.其中 $t > 0$,这积分是存在的.

证 $\int_0^{+\infty} x^{t-1}\mathrm{e}^{-x}\,\mathrm{d}x = \lim_{\varepsilon \to 0}\int_\varepsilon^1 x^{t-1}\mathrm{e}^{-x}\,\mathrm{d}x + \lim_{R \to +\infty}\int_1^R x^{t-1}\mathrm{e}^{-x}\,\mathrm{d}x$

上式中等号右侧前一非负函数之积分的极限是存在的,因为

$$\lim_{\varepsilon \to 0} \int_\varepsilon^1 x^{t-1} e^{-x} dx \leqslant \lim_{\varepsilon \to 0} \int_\varepsilon^1 x^{t-1} dx = \lim_{\varepsilon \to 0} \frac{x^t}{t} \Big|_\varepsilon^1 = \frac{1}{t}$$

同理,后一非负函数之积分的极限也是存在的,因为

$$\lim_{R \to +\infty} \int_1^R x^{t-1} e^{-x} dx \leqslant \lim_{R \to +\infty} \int_1^R x^t e^{-x} dx \leqslant \lim_{R \to 0} \int_1^R e^{\frac{x}{2}} e^{-x} dx = 2e^{-\frac{1}{2}}$$

此积分之值由 t 之值唯一确定,是 t 的函数,称 Euler 之 Γ 函数,记作 $\Gamma(t)$,$\Gamma(t)$ 是个经常会遇到的特殊函数,它的值已有表可查,它的许多性质可以从许多书里找到.

49. 几何向量

空间解析几何里,我们常用一种称为几何向量的工具来作研究,几何向量也称 Gibbs 向量,是 Gibbs 于 20 世纪初才提出来的,他把一个既有大小,又有方向的量称为一个向量(几何向量),它可以用一个有向线段来表示.这个有向线段的长度就是这个向量的大小;这个有向线段的方向就是这个向量的方向.由于向量只由方向及大小而定,所以这种表示向量的有向线段,只要把它们的方向与长度画对就可以了,用不着管把它们画在什么地方,有些人无视向量的定义,很不恰当地将这种向量叫成自由向量.20 世纪中还有书把向量分成自由向量和固定向量,现在应该是没有书将向量这么来分了吧!

一个有向线段,如果它的始点是 P,终点是 Q,就把它记作 $\overrightarrow{PQ}$,一个有向线段的始点、终点没有用字母标明时,我们常将它记为 $\vec{a}$,$\vec{b}$,… 或者 $\boldsymbol{\alpha},\boldsymbol{\beta}$,… 在印刷上为了避免排"→"的麻烦,常将 $\vec{a},\vec{b}$,… 换成 $\boldsymbol{a},\boldsymbol{b}$,…,但是书写时,最好还是写 $\vec{a},\vec{b}$,…,因为写黑体的 $\boldsymbol{a},\boldsymbol{b}$,… 到底不方便.

向量 $\vec{a}$ 之大小记作 $|\vec{a}|$,称为 $\vec{a}$ 之范数;

向量 $\vec{a}$ 之大小为 1 时,称此向量为单位向量;

向量之大小为 0 时,称此向量为 $\boldsymbol{0}$ 向量,它可以用一个终点与始

点合一的有向线段来表示，**0** 向量就简记为 **0**，这不致引起误会.

向量 $\vec{a}$ 方向上的单位向量常记之为 $\vec{a}^0$.

向量有 3 种最基本的运算，即加、数乘、点乘.

（1）加. 若 $\boldsymbol{\alpha},\boldsymbol{\beta}$ 是两个向量，如图 19 所示，以 $\boldsymbol{\alpha}$ 之终点为始点，作出 $\boldsymbol{\beta}$，则以 $\boldsymbol{\alpha}$ 之始点为始点，$\boldsymbol{\beta}$ 的终点为终点，可得一向量，这个向量就是 $\boldsymbol{\alpha}$ 与 $\boldsymbol{\beta}$ 之和，记作 $\boldsymbol{\alpha}+\boldsymbol{\beta}$.

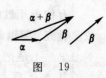

图　19

（2）数乘. 若 $\boldsymbol{\alpha}$ 为一向量，k 为一数量，规定 $k\boldsymbol{\alpha}$（也可记为 $\boldsymbol{\alpha}k$）为一向量.

其方向与 $\boldsymbol{\alpha}$ 之方向一致，且其大小为 $k|\boldsymbol{\alpha}|$，当 $k\geqslant 0$

其方向与 $\boldsymbol{\alpha}$ 之方向相反，且其大小为 $|k||\boldsymbol{\alpha}|$，当 $k<0$

（3）点乘. 若 $\boldsymbol{\alpha},\boldsymbol{\beta}$ 为两个向量，我们定义 $\boldsymbol{\alpha}\cdot\boldsymbol{\beta}=|\boldsymbol{\alpha}||\boldsymbol{\beta}|\cos(\boldsymbol{\alpha},\boldsymbol{\beta})$，此处 $(\boldsymbol{\alpha},\boldsymbol{\beta})$ 表示 $\boldsymbol{\alpha}$ 与 $\boldsymbol{\beta}$ 之夹角.

这几种基本运算有与实数加、乘类似的运算规律，例如

$$\boldsymbol{\alpha}+\boldsymbol{\beta}=\boldsymbol{\beta}+\boldsymbol{\alpha}$$
$$k(\boldsymbol{\alpha}+\boldsymbol{\beta})=k\boldsymbol{\alpha}+k\boldsymbol{\beta},\cdots$$

可以画图来验证，如图 20 所示.

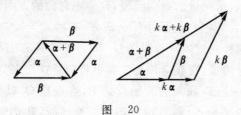

图　20

关于点乘有一点特别要注意的就是，$\boldsymbol{\alpha}\cdot\boldsymbol{\beta}$ 不能写成 $\boldsymbol{\alpha}\boldsymbol{\beta}$，因为这里的"·"是进行点乘的记号，不能省略不写，省略不写就成为另一种意义的东西了. 数量 k,l 相乘要尽量写成 kl 不要写成 $k\cdot l$，以避免与向量点乘的记号相混，真没有办法避免时，也可写成 $k\cdot l$.

点乘有两个很有用的性质：

即

$$\boldsymbol{\alpha} \cdot \boldsymbol{\beta} = 0,$$

$$\boldsymbol{\alpha} \perp \boldsymbol{\beta}$$

$$\boldsymbol{\alpha} \cdot \boldsymbol{\alpha}(常记作 \boldsymbol{\alpha}^2) = |\boldsymbol{\alpha}|^2$$

有位青年教师很好,他向我买了一本我写的"高等数学"("高等数学研究"编辑部内部资料),还来不及打开,就猛然问了我一句"这本书里是不是把向量的叉乘分开写的?"我说:"是的!我把几何向量的基本运算都放在一起,没有把叉乘算基本运算,就分开讲了。"(基本运算只此两种,对推广向量空间的概念到更高维空间,甚至无限维空间都方便)

向量的记号及运算在科技领域里非常有用,一定要掌握好!

50. 平面点集的一些概念

在讨论多元函数时,往往以讨论二元函数为代表,因为把二元函数有关的概念搞清楚了,理解多元函数的有关概念就会很容易,有些甚至可不言而喻. 在讨论二元函数时,我们经常要考虑两个数的数组及两个数的数组的集合. 由于数组 (x, y) 与平面上的点是 $1 - 1$ 对应的,故数组的集合与平面上的点集也是 $1 - 1$ 对应的. 通常我们对数组及其相应的点或对数组之集合及其相应之点集不甚区分,往往把数组或数组之集合说成是其相应之点或相应之点集,或者反之.

先讲一下点之邻域、净邻域以及 ∞ 及 ∞ 之净邻域的概念. 我们把 $\{(x, y) \mid \sqrt{(x - x_0)^2 + (y - y_0)^2} < \delta\}$ 称为 (x_0, y_0) 之 δ 邻域,记作 $N_\delta(x_0, y_0)$,简称为 (x_0, y_0) 之邻域,简记为 $N(x_0, y_0)$,它是平面上以 (x_0, y_0) 为中心的圆域. 我们把 $N_\delta(x_0, y_0) \backslash \{(x_0, y_0)\}$ 称为 (x_0, y_0) 的净 δ 邻域,记之为 $N_\delta^0(x_0, y_0)$,简称为 (x_0, y_0) 之净邻域,简记为 $N^0(x_0, y_0)$,它"清一色"地由 (x_0, y_0) 邻近之点所组成.

在平面上位于无穷远处之点有许多,我们常将它们作为一个群体来讨论,这个群体就叫无穷远,记作 ∞,∞ 不是平面上的一个普通点. 我们称任何以原点为中心,R 为半径的圆的外部为 ∞ 的一个 R 净邻域,记作 $N_R^0(\infty)$,简称 ∞ 的净邻域,简记为 $N^0(\infty)$,它"清一色"地都是 ∞ 邻近之点.

在二元函数的讨论中,不像一元函数那么简单,基本上只涉及区间. 我们将会涉及许多复杂的集合,所以必须讲一下,一些与点集有关的特殊点的名称,以及一些常见点集的名称.

51. 平面点集的一些特殊的点

设 E 为一给定点集:

E 的内点 (x_0, y_0):指的是它有一个邻域完全落在 E 中,E 的内点必属于 E.

E 的边界点 (x_1, y_1):指的是它的任何邻域里都有 E 的点,也有不是 E 的点.

E 的所有边界点组成 E 的边界,记作 ∂E.

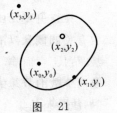

图　　21

E 的聚点 (x_2, y_2):指的是它的任何净邻域都有 E 的点.

E 的聚点可以属于 E,也可以不属于 E(图 21 中所示之 $(x_2, y_2) \notin E$).

E 的孤立点 (x_3, y_3):指的是它属于 E,而它又有一个净邻域里没有 E 的点.

由于 ∞ 之任何净邻域里都有平面上的点,所以 ∞ 算作平面的一个聚点,并且由于 ∞ 不是平面的点,所以它也算作平面的边界点.

52. 有关聚点的两个有用性质

(1)E 之点 P,不是 E 的孤立点,必是 E 的聚点.

证　如 P 不是 E 的孤立点,则 P 的任何净邻域里都要有 E 的点

（否则 P 要成为 E 的孤立点），所以 P 是 E 的聚点.

（2）E 的聚点 P 不是 E 的边界点，就是 E 的内点.

证 P 的任何净邻域里都有 E 的点，假如 P 的任何净邻域里都不全是 E 的点，则 P 就是 E 的边界点；假如 P 的某个净邻域里全是 E 的点，则当 P 不是 E 的点，P 也是 E 的边界点，当 P 是 E 的点，P 就是 E 的内点.

这个简单而又有用的命题，我在学过的书里没有见到，想了很久，才得到了证明.

53. 一些特殊点集

（1）连接集 E：E 中任何两点都可以用 E 中一条曲线来连接，否则称非连接集.

（2）开集 E：E 中任一点都是 E 的内点.

（3）闭集 E：E 包含 E 之所有聚点，即 E 包含其所有内点及边界点.

（4）有界集 E：E 的点都不落在某个 ∞ 的净邻域内，否则称 E 是非有界集.

（5）无界集：∞ 也是无界集的聚点和边界点，由于无界集不含 ∞，故无界集都不是闭集，亦即闭集必须是有界的，为了强调这一点，有时也把闭集叫做有界闭集.

（6）开区域 E：E 既是开的，又是连接的.

（7）闭区域 E：一个有界开区域，连同其边界一起是一个闭集，就称为一个闭区域或称为有界闭区域.

（8）区域 E：开区域连同其部分边界（也可能全部或没有）的集合，统称区域.

一元函数可以看做由数轴（一维空间）之点而唯一确定之量. 二元函数可以看做由平面（二维空间）之点而唯一确定之量. 因此，完全可以类比着一元函数的情况来讲二元函数以及它们的极限和连续.

54. 二元函数的一些概念

一个量,如果它的值随着变点 (x,y) 在某集 D 中之取定而唯一确定,则称此量为变点 (x,y) 之函数,记作 $f(x,y)$,确定在 D 上.

二元函数之值域、图形和一元函数的值域、图形的概念也完全类似.

二元函数的基本运算和一元函数的也类似.

若 $f_1(x,y)$,$f_2(x,y)$ 为 (x,y) 之函数,分别确定在 D_1,D_2 上,则 $f_1(x,y) \pm f_2(x,y)$,$f_1(x,y)f_2(x,y)$ 为 (x,y) 之函数确定在 $D_1 \bigcap D_2$ 上;$f_1(x,y)/f_2(x,y)$ 为 (x,y) 之函数,确定在 $D_1 \bigcap D_2 \backslash \{(x,y) \mid f_2(x,y)=0\}$ 上.

两个二元函数怎么复合? 这只要 u,v 都是点 (x,y) 之函数 $u=g(x,y)$,$v=h(x,y)$,使 $f(u,v) \mid_{u=g(x,y),v=h(x,y)}$ 在某集合 D 上,能由 (x,y) 之值唯一确定就可以了.

若 $f(u,v)$ 确定在 E 上,$(u,v)=(g(x,y),h(x,y))$,确定在 D 上,则 $f(u,v) \mid_{(u,v)=(g(x,y),h(x,y))} = f(g(x,y),h(x,y))$ 就是一个 (x,y) 的函数,确定在 $D \bigcap \{(x,y) \mid (u,v)=(g(x,y),h(x,y)) \in E\}$ 上. 这个函数就叫由 $f(u,v)$ 及 $(u,v)=(g(x,y),h(x,y))$ 复合而成的函数. u,v 称中间变量,x,y 称自变量.

55. 二元函数极限的一些概念($(x,y) \to (x_0,y_0)$ 的情形)

先讲最简单的情形,若 $f(x,y)$ 在某点 (x_0,y_0) 之某净邻域上确定,且 (x,y) 以任何方式趋近于 (x_0,y_0),但 $(x,y) \neq (x_0,y_0)$ 时,$f(x,y) \to l$,简称 $(x,y) \to (x_0,y_0)$ 时,$f(x,y) \to l$,则就把 l 称为 $(x,y) \to (x_0,y_0)$ 时,$f(x,y)$ 之极限,记作 $\lim\limits_{(x,y) \to (x_0,y_0)} f(x,y)$. 由于

(x,y) 以任何方式趋近于 (x_0,y_0) 而不等于它时，$f(x,y) \to l$ 之充要条件为对任一正数 ε，总有某 $N^0(x_0,y_0)$，使 $(x,y) \in N^0(x_0,y_0)$ 时，$|f(x,y)-l| < \varepsilon$. 所以 $(x,y) \to (x_0,y_0)$ 时，$f(x,y)$ 的极限是 l 也可说成：若 $f(x,y)$ 在 (x_0,y_0) 之邻域确定，且对任一正数 ε，都有某 $N^0(x_0,y_0)$ 使 $(x,y) \in N^0(x_0,y_0)$ 时，$|f(x,y)-l| < \varepsilon$，则称 l 为 $f(x,y)$，当 $(x,y) \to (x_0,y_0)$ 时之极限.

由于二元函数和一元函数的极限，无论从直观意义或严格定义来看都是相同的. 所以它也有和一元函数相同的一些定理，即局部估值定理、极限估计定理、夹逼定理、基本运算之极限定理等. 此外，我们也将极限为 0 之函数称为无穷小量.

56. 限制性极限

若 $f(x,y)$ 在 E 上确定，(x_0,y_0) 是 E 的聚点，且限制 $(x,y) \in E$，且 $(x,y) \to (x_0,y_0)$ 时，$f(x,y) \to l$，则把 l 称为限制 $(x,y) \in E$，而 $(x,y) \to (x_0,y_0)$ 时，$f(x,y)$ 之极限，记作 $\lim\limits_{\substack{(x,y) \to (x_0,y_0) \\ (x,y) \in E}} f(x,y)$，并把它称为限制性极限，限制性极限和非限制性极限有相同的一些定理，只不过前提中加了 $(x,y) \in E$，结论中也要加 $(x,y) \in E$ 而已.

若 $f(x,y)$ 在 ∞ 之某邻域上确定，且 (x,y) 以任何方式趋近于 ∞ 时，$f(x,y) \to l$，即对任一正数 ε，都相应有一个 ∞ 的净邻域 $N^0(\infty)$，使得 $(x,y) \in N^0(\infty)$ 时，$|f(x,y)-l| < \varepsilon$，则称 l 为 $f(x,y)$，当 $(x,y) \to \infty$ 之极限，记作 $\lim\limits_{(x,y) \to \infty} f(x,y)$. 若 $f(x,y)$ 在无界集 E 上确定，则也可谈限制 $(x,y) \in E$ 而 $(x,y) \to \infty$ 时，$f(x,y)$ 之极限，$(x,y) \to \infty$ 时，$f(x,y)$ 之极限或限制性极限有和 $(x,y) \to (x_0,y_0)$ 时，$f(x,y)$ 之极限或限制性极限相同的一些性质，限制性极限有两个简单而重要的性质：

(1) 若 $\lim\limits_{(x,y) \to (x_0,y_0)} f(x,y) = l$，则

$$\lim_{\substack{(x,y)\to(x_0,y_0)\\(x,y)\in E}} f(x,y)=l$$

（2）若 E_1, E_2 都以 (x_0,y_0) 为聚点,且 $E_1\bigcup E_2$ 包含 (x_0,y_0) 的一个净邻域,则 $\lim\limits_{(x,y)\to(x_0,y_0)} f(x,y)=l$ 的充要条件为

$$\lim_{\substack{(x,y)\to(x_0,y_0)\\(x,y)\in E_1}} f(x,y)=\lim_{\substack{(x,y)\to(x_0,y_0)\\(x,y)\in E_2}} f(x,y)=l$$

57. 二元函数连续的一些概念

一个二元函数可以有在一点处连续或者在一个集合上连续这两个概念.

在一点 (x_0,y_0) 处连续:若 $f(x,y)$ 能在 (x_0,y_0) 之某邻域上确定,且有

$$\lim_{(x,y)\to(x_0,y_0)} f(x,y)=f(x_0,y_0)$$

则称 $f(x,y)$ 在 (x_0,y_0) 处连续.

$f(x,y)$ 在 (x_0,y_0) 处连续,也可以说成 $f(x,y)$ 能在 (x_0,y_0) 之某邻域上确定.且对任一正数 ε,都相应有一个 (x_0,y_0) 之邻域,使得 (x,y) 属于此邻域时 $|f(x_1,y)-f(x_0,y_0)|<\varepsilon$.

在集合 E 上连续:若 $f(x,y)$ 在 E 上确定,且对 E 中任一点 (x_0,y_0) 都能有以下条件成立.

对任一正数 ε,限制 $(x,y)\in E$,都相应有一个 (x_0,y_0) 的邻域,使得 $(x,y)\in E$ 且 (x,y) 属于此邻域时,

$$|f(x,y)-f(x_0,y_0)|<\varepsilon$$

这个条件当 (x_0,y_0) 是 E 的孤立点时,自然满足;当 (x_0,y_0) 是 E 的聚点时,这个条件就成为要求

$$\lim_{\substack{(x,y)\to(x_0,y_0)\\(x,y)\in E}} f(x,y)=f(x_0,y_0) \tag{1}$$

所以 $f(x,y)$ 是否在 E 上连续,只要看是否对 E 的任一个聚点 (x_0,y_0) 都能使式（1）成立.对在 E 上连续的 $f(x,y)$ 在 E 的孤立点 $(x_0,$

y_0)处,虽然对任何 $\varepsilon > 0$ 都有一邻域,使此邻域中之(x,y)都满足 $|f(x,y)-f(x_0,y_0)| < \varepsilon$,但不能说 $f(x,y)$ 在(x_0,y_0)处连续,因为 $f(x,y)$ 在(x_0,y_0)的任何邻域上都不能确定,而只能说 $f(x,y)$ 在单点集$\{(x_0,y_0)\}$上连续,因为 $f(x,y)$ 在 E 上连续,必然在 E 的任何子集上连续. 这情况和一元函数相同.

二元函数在 E 的每一点都连续和它在 E 上连续是两个不同的概念,在 E 的每一点都连续,必然在 E 上连续,但反之不然,这和一元函数的情况也类似.

若 $f(x,y)$ 在有界闭集 D 上连续,则 $f(x,y)$ 具有下列性质:

(1)$f(x,y)$ 在 D 上取最大值及最小值,即在 D 上有(x_0,y_0)及(x_1,y_1)使

$$f(x_0,y_0) \geqslant f(x,y), \quad (x,y) \in D$$
$$f(x_1,y_1) \leqslant f(x,y), \quad (x,y) \in D$$

(2)$f(x,y)$ 在 D 上有界,即存在某常数 M,使

$$|f(x,y)| \leqslant M, \quad (x,y) \in D$$

(3)$f(x,y)$ 在 D 上取中介值,即设(x_1,y_1),(x_2,y_2) 为 D 上两个点,c 为 $f(x_1,y_1)$,$f(x_2,y_2)$ 之间的一个数,则必有$(x_0,y_0) \in D$,使 $f(x_0,y_0) = c$.

(4)$f(x,y)$ 有 0 值,即(x_1,y_1),(x_2,y_2) 为 D 上两个点,且 $f(x_1,y_1)$ 与 $f(x_2,y_2)$ 符号不同,则 D 中必有(x_0,y_0),使$f(x_0,y_0)=0$.

证 (1)略.

(2)令 $f(x_1,y_1)$ 为最大值,$f(x_2,y_2)$ 为最小值,则

$$|f(x,y)| \leqslant \max\{|f(x_1,y_1)|, |f(x_2,y_2)|\} = M$$

(3)设 l 为 D 中连接(x_1,y_1),(x_2,y_2) 的曲线,它的参数方程为 $x=x(t), y=y(t), t \in [a,b]$. 其中 $x(t), y(t)$ 在$[a,b]$上连续,且 $(x(a),y(a))=(x_1,y_1)$,$(x(b),y(b))=(x_2,y_2)$.

现在 $f(x(t),y(t))$ 在$[a,b]$上确定且是连续的,因为对任意$t \in [a,b]$,取 $t+\Delta t$,使 $t+\Delta t \in [a,b]$,则当 $\Delta t \to 0$ 时,$f(x(t+\Delta t),y(t+\Delta t)) \to f(x(t),y(t))$(因 $\Delta t \to 0$ 时,$(x(t+\Delta t),y(t+\Delta t)) \to$

$(x(t),y(t))$ 且 $f(x,y)$ 在 D 上连续). 既然 $f(x(t),y(t))$ 在 $[a,b]$ 上连续, 由在 $[a,b]$ 上连续的一元函数之取中介值性, 可知对 $f(x(a),y(a))$, $f(x(b),y(b))$ 之间的任一数 c, 必有 $\xi \in (a,b)$, 使 $f(x(\xi),y(\xi))=c$, 令 $(x(\xi),y(\xi))=(x_0,y_0) \in l \subset D$, 即得要证的结果.

(4) 只是 (3) 的一种特殊情况, 略.

例 设 $f(x,y)$ 在有界闭集 D 上连续, 且在 D 上不取 0 值, 试证 $\dfrac{1}{f(x,y)}$ 在 D 上有界.

证 因 $f(x,y)$ 在 D 上不取 0 值, 故 $\dfrac{1}{f(x,y)}$ 在 D 之任何点都确定, 且对 D 之任何聚点 (x_0,y_0) 有

$$\lim_{\substack{(x,y)\to(x_0,y_0)\\(x,y)\in D}} \frac{1}{f(x,y)} = \frac{1}{\lim_{\substack{(x,y)\to(x_0,y_0)\\(x,y)\in D}} f(x,y)} = \frac{1}{f(x_0,y_0)}$$

所以 $\dfrac{1}{f(x,y)}$ 在 D 上连续, 从而它在 D 上有界.

性质 (1), (2), (3), (4), 对在闭连接集上连续的函数也能成立, 不是非闭区域不可.

58. 偏导数的概念与记号

二元函数可以通过与一元函数类比来研究, 也可以通过一元函数的知识来研究, 这里要讲的偏导数就是通过一元函数的知识来研究二元函数的第一步, 什么叫偏导数呢?

设 $f(x,y)$ 在某定点 (x,y) 及其邻域确定, 它在定点 (x,y) 处对 x 之偏导数规定如下:

在 $f(x,y)$ 中, 把变量 y 固定为定点中之 y 值, 使 $f(x,y)$ 成为 x 的函数, 这个 x 的函数在固定点中之 x 值处之导数就称为 $f(x,y)$ 在 (x,y) 处对 x 之偏导数, 为了强调它是 y 值固定后, 将 $f(x,y)$ 作为 x 的函数来求导数的, 所以特别将它记为 $[f(x,y)]'_x$ 或 $\dfrac{\partial}{\partial x}f(x,y)$.

同理可定义 $f(x,y)$ 在某定点 (x,y) 处对 y 的偏导数 $[f(x,y)]'_y$ 或 $\dfrac{\partial}{\partial y}f(x,y)$.

例 求 $[x^2+xy+3\cos(x,y)]'_x$ 及 $[x^2+xy+3\cos(xy)]'_y$.

解 $[x^2+xy+3\cos(xy)]'_x = 2x+y-3\sin(xy)y$

$\qquad [x^2+xy+3\cos(xy)]'_y = x-3\sin(xy)x$

由于 $[f(x,y)]'_x$，$[f(x,y)]'_y$ 都仍然是 x,y 的函数，可以再求它们的偏导数

$$[[f(x,y)]'_x]'_x, \quad [[f(x,y)]'_x]'_y$$
$$[[f(x,y)]'_y]'_x, \quad [[f(x,y)]'_y]'_y$$

或

$$\frac{\partial}{\partial x}\left(\frac{\partial}{\partial x}f(x,y)\right), \quad \frac{\partial}{\partial x}\left(\frac{\partial}{\partial y}f(x,y)\right)$$

$$\frac{\partial}{\partial y}\left(\frac{\partial}{\partial x}f(x,y)\right), \quad \frac{\partial}{\partial y}\left(\frac{\partial}{\partial y}f(x,y)\right)$$

它们称为 $f(x,y)$ 的二阶偏导数，这些二阶偏导数还常简记为

$$f''_{xx}(x,y), \quad f''_{xy}(x,y), \quad f''_{yx}(x,y), \quad f''_{yy}(x,y)$$

或

$$\frac{\partial^2}{\partial x^2}f(x,y), \quad \frac{\partial^2}{\partial x\partial y}f(x,y), \quad \frac{\partial^2}{\partial y\partial x}f(x,y), \quad \frac{\partial^2}{\partial y^2}f(x,y)$$

只要不把这种记号写乱了，把它们恢复到原来未简化的形式是很简单的.

$f(x,y)$ 的二阶偏导数还是 x,y 的函数，还可再求它们的偏导数，称为 (x,y) 的三阶偏导数，… 总之，求 $f(x,y)$ 的偏导数或高阶偏导数都还是通过一元函数的求导数方法，一次一次地求出来的.

59. 全微分的概念

一元函数里，我们知道，若 $f(x)$ 在某点处有导数，则由导数与函数增量的基本关系

$$f(x+\Delta x)-f(x)=f'(x)\Delta+\alpha\Delta x$$

其中，α 为 $\Delta x \rightarrow 0$ 时之无穷小量，由此立即可以推出函数在此点之连续性以及复合函数求导法则.

在二元函数中，光有偏导数还不能保证连续性. 例如，若

$$f(x,y)=\begin{cases}0, & \text{当}(x,y)\text{在任一坐标轴上}\\ 1, & \text{当}(x,y)\text{不在任一坐标轴上}\end{cases}$$

则 $f(x,y)$ 在 $(0,0)$ 处的两个偏导数都是 0，但 $f(x,y)$ 在 $(0,0)$ 处却不连续，因为 (x,y) 不在坐标轴上而 $(x,y)\rightarrow(0,0)$ 时，$f(x,y)\rightarrow 1$，与 $f(0,0)$ 并不相等. 要想光由偏导数存在而推出复合函数求偏导数的法则更不可能，我们需要补充一个新概念，这就是全微分的概念，这是参照一元函数的微分而产生的.

在一元函数里，我们讲，如果 $f(x)$ 在某定点 x 及其邻域确定，且有一个 Δx 的一次齐次式 $A\Delta x$（A 与 Δx 无关），使

$$f(x+\Delta x)-f(x)=A\Delta x+\alpha\Delta x$$

其中，α 是 $\Delta x \rightarrow 0$ 时的无穷小量，则称 $A\Delta x$ 为 $f(x)$ 在点 x 处的微分，记作 $\mathrm{d}f(x)$，并称 $f(x)$ 在点 x 处可微.

在二元函数里，我们讲，如果 $f(x,y)$ 在某定点 (x,y) 及其邻近确定，且有 $\Delta x,\Delta y$ 的一次齐次式 $A\Delta x+B\Delta y$（A,B 与 $\Delta x,\Delta y$ 无关），使

$$f(x+\Delta x,y+\Delta y)-f(x,y)=A\Delta x+B\Delta y+\alpha\sqrt{\Delta x^2+\Delta y^2}$$

其中，α 是 $(\Delta x,\Delta y)\rightarrow(0,0)$ 时的无穷小量，则称 $A\Delta x+B\Delta y$ 为 $f(x,y)$ 在点 (x,y) 处之全微分，记作 $\mathrm{d}f(x,y)$，并称 $f(x,y)$ 在 (x,y) 处可微（通常也将 $\alpha\sqrt{\Delta x^2+\Delta y^2}$ 写成 $o(\sqrt{\Delta x^2+\Delta y^2})$）. 显然，若 $f(x,y)$ 在某定点 (x,y) 可微，则 $f(x,y)$ 必然在此点连续，因为当 $(\Delta x,\Delta y)\rightarrow(0,0)$ 时，

$$f(x+\Delta x,y+\Delta y)-f(x,y)=A\Delta x+B\Delta y+\alpha\sqrt{\Delta x^2+\Delta y^2}\rightarrow 0$$

为了证明复合函数求偏导数法则的方便，我们还规定 $\alpha=0$，当 $(\Delta x,\Delta y)=(0,0)$ 时，在讨论全微分存在的条件后，我们再来谈这个

问题.

60. 可微的充分条件

教材中都已证明,若 $f(x,y)$ 在点 (x,y) 处可微,则 $[f(x, y)]'_x,[f(x,y)]'_y$ 必然在此点都存在. 但反之不然,即偏导数在某点都存在是 $f(x,y)$ 在此点可微的必要条件而非充分条件.

工科高等数学教材给出了 $f(x,y)$ 在某点可微的一个充分条件: $[f(x,y)]'_x$ 及 $[f(x,y)]'_y$ 在此点都连续. 这个类似简单的条件实际上蕴含着 $[f(x,y)]'_x,[f(x,y)]'_y$ 都在此点及其邻域存在,且

$$\lim_{(\Delta x,\Delta y)\to(0,0)} \{[f(x,y)]'_x \text{ 在} (x+\Delta x,y+\Delta y) \text{ 之值}\}=[f(x,y)]'_x$$

$$\lim_{(\Delta x,\Delta y)\to(0,0)} \{[f(x,y)]'_y \text{ 在} (x+\Delta x,y+\Delta y) \text{ 之值}\}=[f(x,y)]'_y$$

理科数学分析教材中,将这个充分条件减弱为 $[f(x,y)]'_x$, $[f(x,y)]'_y$ 中有一个在此点连续,而另一个在此点存在.

这种减弱意义不大,一般只要知道函数的两个偏导数都在某点连续,则函数必在此点可微就可以了,下面我们还会讲函数在一点可微的充要条件.

61. 复合函数求偏导数法则的证明

我们只以二元复合函数为例进行证明.

设有复合函数 $f(u,v)\,|_{(u,v)=(g(x,y),h(x,y))}=f(g(x,y),h(x,y))$, 若 $u=g(x,y),v=h(x,y)$ 在点 (x,y) 处有偏导数, $f(u,v)$ 在 (x,y) 之相应点 $(g(x,y),h(x,y))$ 处可微,则

$$[f(g(x,y),h(x,y))]'_x=[f(u,v)]'_u\,|_{(u,v)=(g(x,y),h(x,y))}\,u'_x+$$
$$[f(u,v)]'_v\,|_{(u,v)=(g(x,y),h(x,y))}\,v'_x$$

证 $[f(u,v)\,|_{(u,v)=(g(x,y),h(x,y))}]'_x=[f(g(x,y),h(x,y))]'_x=$

$$\lim_{\Delta x\to 0}\frac{f(g(x+\Delta x,y),h(x+\Delta x,y))-f(g(x,y),h(x,y))}{\Delta x}=$$

$$\lim_{\substack{(\Delta x, \Delta y) \to (0,0) \\ \Delta y = 0}} \frac{f(g(x+\Delta x, y+\Delta y), h(x+\Delta x, y+\Delta y)) - f(g(x,y), h(x,y))}{\Delta x} =$$

$$\lim_{\substack{(\Delta x, \Delta y) \to (0,0) \\ \Delta y = 0}} \left\{ \left[f'(u,v) \right]'_u \Big|_{(u,v)=(g(x,y),h(x,y))} \frac{\Delta u}{\Delta x} + \right.$$

$$\left[f(u,v) \right]'_v \Big|_{(u,v)=(g(x,y),h(x,y))} \frac{\Delta v}{\Delta x} + \alpha \left. \frac{\sqrt{\Delta u^2 + \Delta v^2}}{\Delta x} \right\}$$

其中,$\Delta u = g(x+\Delta x, y) - g(x,y)$,$\Delta v = h(x+\Delta x, y) - h(x,y)$,$\alpha$ 是 $(\Delta u, \Delta v) \to 0$ 时的无穷小量,它在 $(\Delta u, \Delta v) = (0,0)$ 时,原来没有定义,我们规定它的值为 0. 这样 α 可作为 $(\Delta u, \Delta v)$ 的函数就在 $(0,0)$ 处连续.

$$\text{上式} = \left[f(u,v) \right]'_u \Big|_{(u,v)=(g(x,y),h(x,y))} u'_x +$$

$$\left[f(u,v) \right]'_v \Big|_{(u,v)=(g(x,y),h(x,y))} v'_x +$$

$$\lim_{\substack{(\Delta x, \Delta y) \to (0,0) \\ \Delta y = 0}} \left\{ \alpha \frac{\sqrt{\Delta u^2 + \Delta v^2}}{\Delta x} \right\}$$

由于 $\alpha(\Delta u, \Delta v)$ 在 $(0,0)$ 处连续,于是根据复合函数求极限的法则,有

$$\lim_{\substack{(\Delta x, \Delta y) \to (0,0) \\ \Delta y = 0}} \alpha = 0$$

而

$$\lim_{\substack{(\Delta x, \Delta y) \to (0,0) \\ \Delta y = 0}} \left| \frac{\sqrt{\Delta u^2 + \Delta v^2}}{\Delta x} \right| = \lim_{\substack{(\Delta x, \Delta y) \to (0,0) \\ \Delta y = 0}} \sqrt{\left(\frac{\Delta u}{\Delta x} \right)^2 + \left(\frac{\Delta v}{\Delta x} \right)^2} =$$

$$\lim_{\Delta x \to 0} \sqrt{\left(\frac{\Delta u}{\Delta x} \right)^2 + \left(\frac{\Delta v}{\Delta x} \right)^2} = \sqrt{u_x'^2 + v_x'^2}$$

$$\text{(因 } \Delta u, \Delta v \text{ 及 } \Delta x \text{ 都与 } \Delta y \text{ 无关)}$$

于是

$$\lim_{\substack{(\Delta x, \Delta y) \to (0,0) \\ \Delta y = 0}} \left| \alpha \frac{\sqrt{\Delta u^2 + \Delta v^2}}{\Delta x} \right| = \lim_{\substack{(\Delta x, \Delta y) \to (0,0) \\ \Delta y = 0}} |\alpha| \lim_{\substack{(\Delta x, \Delta y) \to (0,0) \\ \Delta y = 0}} \frac{\sqrt{\Delta u^2 + \Delta v^2}}{|\Delta x|} =$$

$$0 \sqrt{u_x'^2 + v_x'^2} = 0$$

故

$$\left[f(u,v)\,|_{(u,v)=(g(x,y),h(x,y))}\right]'_x = \left[f(u,v)\right]'_u\,|_{(u,v)=(g(x,y),h(x,y))}u'_x +$$
$$\left[f(u,v)\right]'_v\,|_{(u,v)=(g(x,y),h(x,y))}v'_x$$

同理

$$\left[f(u,v)\,|_{(u,v)=(g(x,y),h(x,y))}\right]'_y = \left[f(u,v)\right]\,|'_u\,|_{(u,v)=(g(x,y),h(x,y))}u'_y +$$
$$\left[f(u,v)\right]'_v\,|_{(u,v)=(g(x,y),h(x,y))}v'_y$$

这里的证明,不像当今的证明那样有漏洞,并且还更简单. 当复合函数有更多中间变量时,求偏导数的公式里会出现更多的类似的项,可参考教材.

62. 在复合函数的中间变量已化掉时,如何求偏导数?

由于复合函数求偏导数的公式里,牵涉到函数对中间变量之偏导数,所以这时必须把它们恢复出来再作.

例1 设复合函数求偏导数法则的条件都能满足,试求下列偏导数.

(1)$\left[f(x+y,xy)\right]'_x$; (2)$\left[\left[f(x,y,xy)\right]'_x\right]'_x$.

解 这个复合函数的中间变量都已经化掉了,我们将它们恢复出来:设 1 中间变量 $=x+y$,2 中间变量 $=xy$,于是原复合函数

$$f(x+y,xy)=f(1\text{ 中间变量},2\text{ 中间变量})\,|_{(1\text{中间变量},2\text{中间变量})=(x+y,xy)}$$

简记为 $\qquad\qquad f(1,2)\,|_{(1,2)=(x+y,xy)}$

所以

(1) $\left[f(x+y,xy)\right]'_x = \left[f(1,2)\,|_{(1,2)=(x+y,xy)}\right]'_x =$
$$\left[f(1,2)\right]'_1\,|_{(1,2)=(x+y,xy)}\times 1 +$$
$$\left[f(1,2)\right]'_2\,|_{(1,2)=(x+y,xy)}y$$

(2) $\left[\left[f(x+y,xy)\right]'_x\right]'_x = \left[\left[f(1,2)\right]'_1\,|_{(1,2)=(x+y,xy)}\times 1 +$
$$\left[f(1,2)\right]'_2\,|_{(1,2)=(x+y,xy)}y\right]'_x =$$
$$\left[\left[f(1,2)\right]'_1\right]'_1\,|_{(1,2)=(x+y,xy)}\times 1 +$$
$$\left[\left[f(1,2)\right]'_1\right]'_2\,|_{(1,2)=(x+y,xy)}y +$$

$$y[[f(1,2)]'_2]'_1 \mid_{(1,2)=(x+y,xy)} \times 1 +$$
$$[[f(1,2)]'_2]'_2 \mid_{(1,2)=(x+y,xy)} y\}$$

采用求偏导数的简化记号,并将复合函数中的中间变量化掉,得

(1) $[f(x+y,xy)]'_x = f'_1(x+y,xy) + f'_2(x+y,xy)y$

(2) $[[f(x+y,xy)]'_x]'_x = f''_{11}(x+y,xy) +$
$$f''_{12}(x+y,xy)y + f''_{21}(x+y,xy)y +$$
$$f''_{22}(x+y,xy)y^2$$

例 2 $f(t,x(t),y(t))$ 作为 t 的函数而求其对 t 之导数(全导数).

解 这个复合函数的中间变量都已经化掉了,将它们恢复出来.设它们为 1,2,3. 于是

$$[f(t,x(t),y(t)] = f(1,2,3) \mid_{(1,2,3)=(t,x(t),y(t))}$$

利用复合函数求偏导数的公式,得

$$[f(t,x(t),y(t))]'_t = [f(1,2,3) \mid_{(1,2,3)=(t,x(t),y(t))}]'_t =$$
$$f'_1(1,2,3) \mid_{(12,3)=(t,x(t),y(t))} \times 1 +$$
$$f'_2(1,2,3) \mid_{(1,2,3)=(t,x(t),y(t))} x'(t) +$$
$$f'_3(1,2,3) \mid_{(1,2,3)=(t,x(t),y(t))} y'(t)$$

再将中间变量化掉就得结果为

$$f'_1(t,x(t),y(t)) \times 1 + f'_2(t,x(t),y(t))x'(t) +$$
$$f'_3(t,x(t),y(t))y'(t)$$

做这种题时,将中间变量恢复出来,把复合函数变成原始形式,便于正确地由公式写出偏导数,最后再化简,虽然稍微麻烦些,但不易出错,最后化简了的结果,不但能简洁,并且其含义也是众所周知的了.

63. 隐函数求导数

先讲讲什么叫隐函数,设有两个变量 x,y 的方程 $F(x,y)=0$,其中 $F(x,y)$ 为某开区域上确定的函数,如果有一个在某区间上确定

的函数 $y=y(x)$，以 $y=y(x)$ 代入方程后，会在该区间上得到满足，那么这个函数 $y(x)$ 就叫做由此方程 $F(x,y)=0$ 所确定的一个隐函数，讨论隐函数是很麻烦的．想由取定的 x 值，从方程求出相应的 y 值再进行讨论，几乎是不可能的，人们还是通过对大量 $F(x,y)=0$ 之图形的参考和分析，才得到了一个隐函数定理，为了讲述方便，先谈一下 y 奇点和 x 奇点的概念．

方程 $F(x,y)=0$ 之图形上的一个点，如果在此点 $F(x,y)$ 的偏导数不连续，或 $[F(x,y)]'_y$（简记为 $F'_y(x,y)$）之值为 0，则称此点为 $F(x,y)=0$ 图形上的一个 y 奇点．同样地，可以定义 x 奇点，$F(x,y)=0$ 图形上的点，既是 y 奇点，又是 x 奇点者，就叫 $F(x,y)=0$ 图形上的奇点如图 22 所示．

例

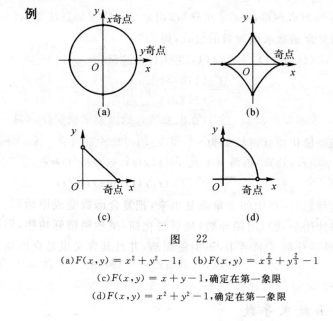

图　22

(a)$F(x,y)=x^2+y^2-1$；　(b)$F(x,y)=x^{\frac{2}{3}}+y^{\frac{2}{3}}-1$

(c)$F(x,y)=x+y-1$，确定在第一象限

(d)$F(x,y)=x^2+y^2-1$，确定在第一象限

隐函数定理．对 $F(x,y)=0$ 之图形上任一点，只要它不是 y 奇点，则在此点之邻域上必有唯一的一个有连续导数的隐函数（y 为 x

的函数). 它的图形通过此点且可延伸, 我们把其图形已最大程度地延伸了的隐函数 $y=y(x)$ 称为此非 y 奇点所相应的隐函数(不同的非 y 奇点所相应的隐函数可以相同), 此隐函数图形之端点或不是方程图形之点, 也称为方程之奇点, 或是方程图形之 y 奇点, 所以隐函数图形延伸到头的点都是方程的奇点, 且隐函数图形上不到尽头的任一点 $(x,y(x))$ 都非 y 奇点, 即在该点处, $F(x,y)$ 之偏导数连续且 $F'_y(x,y) \neq 0$。

相应于 $F(x,y)=0$ 图形上的一个非 y 奇点 (x_0,y_0) 的隐函数 $y=y(x)$, 可用下列三步法求其导数.

(1) 将 $y=y(x)$ 代入方程, 得 $F(x,y(x)) \equiv 0$, 在隐函数能确定的区间上.

(2) 将恒等式两端都对 x 求导数, 由复合函数求导数法则, 得
$$F'_x(x,y(x)) + F'_y(x,y(x))y'(x) \equiv 0$$
(因为在 $(x,y(x))$ 处 $F(x,y)$ 之偏导数连续, 且 $y'(x)$ 存在)

(3) 解出 $y'(x) \equiv -\dfrac{F'_x(x,y(x))}{F'_y(x,y(x))}$ (因 $F'_y(x,y(x)) \neq 0$).

这称为隐函数求导数公式, 这个公式虽然对隐函数能确定的区间中的 x 都成立, 但由于 $y(x)$ 是什么不知道, 所以还不能计算 $y'(x)$, 唯有 $y'(x)|_{x=x_0}$ 可计算, 因为 $x=x_0$ 时 $y(x)=y(x_0)=y_0$, 故有
$$y'(x_0) = -\frac{F'_x(x_0,y_0)}{F'_y(x_0,y_0)}$$

它就是方程图形上非 y 奇点 (x_0,y_0) 所相应的隐函数图形在该点之切线斜率, 也就是方程图形在该点之切线斜率.

只要所考虑之点非 x 奇点, 也可由此方程得出相应于此非 x 奇点的有连续导数的隐函数 $x=x(y)$, 也可同样地由三步法求它的导数.

例 试求 $x^{\frac{3}{2}}+y^2-1=0$ 图形上所有 y 奇点及 $\left(\dfrac{3\sqrt{3}}{8},\dfrac{1}{2}\right)$ 处的切线方程.

解   令 $F(x,y)=x^{\frac{2}{3}}+y^2-1$，则

$$F'_x(x,y)=\frac{2}{3}x^{-\frac{1}{3}},\quad F'_y(x,y)=2y$$

$F(x,y)=0$ 图形上横坐标为 0 者,即 $(0,1),(0,-1)$ 处,$F'_x(x,y)$ 不连续;

$F(x,y)=0$ 图形上纵坐标为 0 者,即 $(1,0),(-1,0)$ 处,$F'_y(x,y)=0$.

故 $F(x,y)=0$ 图形上有 4 个 y 奇点:$(0,1),(0,-1),(1,0),(-1,0)$.其中 $(0,1),(0,-1)$ 还是奇点,$\left(\frac{3\sqrt{3}}{8},\frac{1}{2}\right)$ 不是 y 奇点,相应于此点有唯一的由 $F(x,y)=0$ 所确定的有连续导数的隐函数图形通过此点,隐函数图形在此点之切线即方程图形之切线,可求得为

$$y-\frac{1}{2}=-\frac{4}{3\sqrt{3}}\left(x-\frac{3\sqrt{3}}{8}\right)$$

64. 隐函数求偏导数

对多变量之方程,也可完全类似地讨论它的隐函数、奇点及隐函数定理.现在以 3 个变量 x,y,z 的方程 $F(x,y,z)=0(F(x,y,z)$ 确定于某开区域上)为例过行说明.若有确定在某区域 D 上之函数 $z=z(x,y)$,以 $z=z(x,y)$ 代入此方程,能在 D 上满足,则称 $z=z(x,y)$ 为由此方程所确定之隐函数,从方程不仅可以确定 $z=z(x,y)$ 为 x,y 的隐函数,也可确定 x 为 y,z 之隐函数或 y 为 z,x 之隐函数,$F(x,y,z)=0$ 图形上之点 (x_0,y_0,z_0) 称为此图形上之 z 奇点,当且仅当在 (x_0,y_0,z_0) 处 $F(x,y,z)$ 之偏导数不连续,或 $F'_z(x,y,z)$ 在此点之值为 0.同样可定义 x 奇点及 y 奇点,图形上之点,当它既是 x 奇点,又是 y 奇点,又是 z 奇点时,就称它为图形上之奇点.

隐函数定理.对 $F(x,y,z)=0$ 之图形上任一非 z 奇点,在此点之邻域上必有唯一的有连续偏导数之隐函数(z 为 (x,y) 之函数),其图

形通过此非 z 奇点且可延伸,我们把其图形已最大程度地延伸了的隐函数称为相应于此非 z 奇点之隐函数,记作 $z=z(x,y)$.此隐函数图形之边界点或不是方程图形上之点(也称为方程之奇点),或是方程图形上的 z 奇点,所以 $z=z(x,y)$ 图形延伸到头的点都是方程之奇点.且此隐函数图形上不到尽头之任一点 $(x,y,z(x,y))$ 都非 z 奇点,即在 $(x,y,z(x,y))$ 处 $F(x,y,z)$ 之偏导数都连续,且 $F'_z(x,y,z(x,y)) \neq 0$.

对相应于 $F(x,y,z)=0$ 图形上一个非 z 奇点之隐函数 $z=z(x,y)$,可用下列三步法求其偏导数.

(1) 将 $z=z(x,y)$ 代入方程,得 $F(x,y,z(x,y)) \equiv 0$,在隐函数确定之某区域上.

(2) 将恒等式两端对 x 或对 y 求偏导数,由复合函数求偏导数法则,得

$$F'_x(x,y,z(x,y)) + F'_z(x,y,z(x,y))z'_x(x,y) = 0$$

或

$$F'_y(x,y,z(x,y)) + F'_z(x,y,z(x,y))z'_y(x,y) = 0$$

(因为在 $(x,y,z(x,y))$ 处 $F(x,y,z)$ 之偏导数连续,且 $z'_x(x,y),z'_y(x,y)$ 存在)

(3) 解之,得

$$z'_x(x,y) \equiv -\frac{F'_x(x,y,z(x,y))}{F'_z(x,y,z(x,y))}$$

$$z'_y(x,y) \equiv -\frac{F'_y(x,y,z(x,y))}{F'_z(x,y,z(x,y))}$$

$$(因 F'_z(x,y,z(x,y)) \neq 0)$$

它们在 (x_0,y_0) 之值分别为

$$z'_x(x_0,y_0) = -\frac{F'_x(x_0,y_0,z_0)}{F'_z(x_0,y_0,z_0)}$$

$$z'_y(x_0,y_0) = -\frac{F'_y(x_0,y_0,z_0)}{F'_z(x_0,y_0,z_0)}$$

$$(因 z(x_0,y_0) = z_0)$$

65. 二元函数在某区域上之最值

应用中许多求最优的问题,将它们数学化后,往往归结为求一个在某区域上连续之函数的最值问题,解决这种问题的基本工具是内最值点定理.

内最值点定理 若 (x_0, y_0) 为区域 D 之内点,且为 $f(x, y)$ 在 D 上之最值点,则 $f(x, y)$ 在 (x_0, y_0) 之偏导数必不存在或为 0.

证 假如在 (x_0, y_0) 处 $f'_x(x_0, y_0)$ 存在,且 $f'_x(x_0, y_0) \neq 0$,即 $[f(x, y_0)]'_x$ 在 x_0 处存在,且 $[f(x, y_0)]'_x \neq 0$. 设它大于 0,则 x 从小于 x_0 变到大于 x_0 时,即 (x, y_0) 从 (x_0, y_0) 之左边变到 (x_0, y_0) 之右边时,$f(x, y_0)$ 从小于 $f(x_0, y_0)$ 变到大于 $f(x_0, y_0)$,与 $f(x_0, y_0)$ 为 $f(x, y)$ 之最值矛盾. 如 $f'_x(x, y_0) < 0$,同样可以证明这也将与 $f(x_0, y_0)$ 为 $f(x, y)$ 之最值矛盾. 所以,$f'_x(x, y_0)$ 在 x_0 处非为 0 不可. 同理证明,若 $f'_y(x, y)$ 存在,则它也非为 0 不可.

当 D 为有界闭区域时,可按如下方法求 $f(x, y)$ 之最值:先求出 D 内部所有使 $f'_x(x, y)$,$f'_y(x, y)$ 不存在或为 0 之点(称可疑点),再将这些点处之函数值与 D 之边界点处之函数值进行比较,最大的就是 $f(x, y)$ 在 D 上的最大值;最小的就是 $f(x, y)$ 在 D 上的最小值.

证 因为 $f(x, y)$ 在有界闭区域上连续,所以 $f(x, y)$ 在 D 上必有最大值和最小值,它们只能在以上这些点处取得,并且最大的必是最大值;最小的必是最小值.

例 1 长、宽、高之和为 1 之长方体体积以何者为最大?

解 设长、宽、高分别为 x, y, z,体积 $V = xyz$. 因为 $x + y + z = 1$,所以 $z = 1 - x - y$,故 $V = xy(1 - x - y)$,它在 $x \geqslant 0, y \geqslant 0, 1 - x - y \geqslant 0$ 上确定,即在如图 23 所示之 D 上确定,今求 V 在 D 上之最大值.

先求出 D 内部之所有可疑点:

$$V'_x = y - 2xy - y^2, \quad V'_y = x - x^2 - 2xy$$

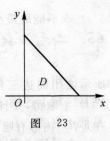

图 23

它们处处存在,令 V'_x, V'_y 为 0,解得 $x = \dfrac{1}{3}, y =$

$\dfrac{1}{3}$. 故得 D 内部有可疑点 $\left(\dfrac{1}{3}, \dfrac{1}{3}\right)$(虽然 $(1,0)$,

$(0,1)$ 处 V'_x, V'_y 也为 0,但这两点不在 D 内部),

在 $\left(\dfrac{1}{3}, \dfrac{1}{3}\right)$ 处,V 之值为 $\dfrac{1}{27}$,而在 V 之边界处,V

之值为 0. 所以当 $x = \dfrac{1}{3}, y = \dfrac{1}{3}$(此时 $z = \dfrac{1}{3}$)时,V 之值最大,亦即长

方体为正方体时,体积最大.

例 2 若长方体之体积为 1,求其长、宽、高各为多少,才能使长

方体之表面积最小?

解 设长、宽、高分别为 x, y, z,则长方体之表面积为

$$A = 2(yz + zx + xy)$$

由于 $xyz = 1$,故

$$A = 2(yz + zx + xy) = 2\left(\frac{1}{x} + \frac{1}{y} + xy\right)$$

确定在第一象限 E 内,我们来求 A 在 E 点之最小值,先求 A 在 E

内之可疑点:

$$A'_x = 2\left(-\frac{1}{x^2} + y\right), \quad A'_y = 2\left(-\frac{1}{y^2} + x\right)$$

它们都在 E 内存在,令 A'_x, A'_y 为 0,解得 $x = 1, y = 1$. 此时 $A = 6$.

由于 E 不是有界闭集,A 在 E 上是否有最大、最小值都不知道,

将 A 在 $(1,1)$ 处之值与谁比较能得出最小值,更不得而知,我们用舍

弃原理.

由于 $A = 2\left(\dfrac{1}{x} + \dfrac{1}{y} + xy\right)$,当 $x \leqslant \dfrac{1}{3}$ 或 $y \leqslant \dfrac{1}{3}$ 或 $xy \geqslant 3$,其值

都大于 A 在 $(1,1)$ 处之值. 故 $D = \left\{(x,y) \mid x \leqslant \dfrac{1}{3}\ \text{或}\ y \leqslant \dfrac{1}{3}\ \text{或}\ xy \geqslant\right.$

3} 上 A 不能取最小值. 令 $D' = \{(x,y) \mid x < \dfrac{1}{3}$

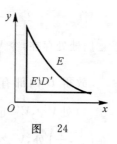

或 $y < \dfrac{1}{3}$ 或 $xy > 3\}$，$D' \subset D$. $E \backslash D'$ 是如图 24

所示之闭曲边三角形区域. A 之最小值只能在 $E \backslash D'$ 上取得，并且 $E \backslash D'$ 确实有最小值，因为 A 在 $E \backslash D'$ 内部有唯一的可疑点 $(1,1)$，A 在 $(1,1)$

图　24

处之值为 6，而 A 在 $E \backslash D'$ 边界上之值大于 6. 故 A 在 $(1,1)$ 处之值 6 为 A 在 E 上之最小值，长方体为正方体时，其表面积最小.

66. 条件最值与条件最值点的定义

在应用中，条件最值问题常会出现，所谓条件最值问题就是求一个函数当其自变量之间要满足一定关系而变动时之最值，先就二元函数的情形说一说.

定义：如对所有满足 $g(x,y) = 0$ 之 (x,y)（即所有 $g(x,y) = 0$ 图形上之点 (x,y)）所相应的函数 $f(x,y)$ 之值中，以 $f(x_0, y_0)$ 最大（$f(x_0, y_0) \geqslant f(x,y)$），则称 $f(x_0, y_0)$ 为 $f(x,y)$ 在条件 $g(x,y) = 0$ 下之最大值；称 (x_0, y_0) 为 $f(x,y)$ 在条件 $g(x,y) = 0$ 下之最大值点. 同理，可定义 $f(x,y)$ 在条件 $g(x,y) = 0$ 下之最小值及最小值点. 条件最大值、条件最小值统称条件最值，条件最大值点，条件最小值点统称条件最值点.

条件最值和前面所讲的无条件最值是截然不同的，从几何上看，$f(x,y)$ 的无条件最值是整个曲面 $z = f(x,y)$ 上的最高或最低点的 z 坐标；$f(x,y)$ 在 $g(x,y) = 0$ 条件下的条件最值，则是曲面 $z = f(x,y)$ 上与柱面 $g(x,y) = 0$ 相交的那条交线上的最高或最低点的 z 坐标（见图 25）.

求条件最值最基本的工具是下列非奇最值点定理.

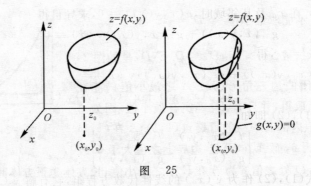

图 25

67. 非奇最值点定理

非奇最值点定理　为简单起见,设 $f(x,y)$ 的偏导数在 $g(x,y)=0$ 图形上各点都连续.

若 (x_0,y_0) 是 $g(x,y)=0$ 图形上之非奇点,且是 $f(x,y)$ 在 $g(x,y)=0$ 条件下之最值点,则 (x_0,y_0) 除了满足 $g(x_0,y_0)=0$ 外,还必须满足

$$\begin{vmatrix} f'_x(x_0,y_0) & f'_y(x_0,y_0) \\ g'_x(x_0,y_0) & g'_y(x_0,y_0) \end{vmatrix}=0$$

证　设 (x_0,y_0) 为非奇点((x_0,y_0) 为非 x 奇点可同样论证),则由 $g(x,y)=0$ 确定的有连续导数的隐函数 $y=y(x)$,其图形通过 (x_0,y_0),即 $g(x,y(x))=0$ 在 x_0 邻域内且 $y(x_0)=y_0$. 因此,$f(x,y(x))$ 在 x_0 及其邻域内确定,且当 $x=x_0$ 时,$f(x,y(x))=f(x_0,y(x_0))=f(x_0,y_0)$. $f(x_0,y_0)\geqslant f(x,y(x))$ 或 $f(x_0,y_0)\leqslant f(x,y(x))$,当 x 在 x_0 邻域内(因当 x 在 x_0 邻域内时,$(x,y(x))$ 满足 $g(x,y(x))=0$),所以,x_0 为 $f(x,y(x))$ 之内最值点,从而

$$f'_x(x_0,y(x_0))+f'_y(x_0,y(x_0))y'(x_0)=0$$

即

$$f'_x(x_0,y_0)+f'_y(x_0,y_0)y'(x_0)=0 \tag{1}$$

但由于 x 在 x_0 及其邻域时，$g(x,y(x)) \equiv 0$，求导可得

$$g'_x(x,y(x)) + g'_y(x,y(x))y'(x) \equiv 0$$

令 $x = x_0$，得

$$g'_x(x_0,y(x_0)) + g'_y(x_0,y(x_0))y'(x_0) =$$
$$g'_x(x_0,y_0) + g'_y(x_0,y_0)y'(x_0) = 0 \qquad (2)$$

由(1),(2)即知

$$\begin{vmatrix} f'_x(x_0,y_0) & f'_y(x_0,y_0) \\ g'_x(x_0,y_0) & g'_y(x_0,y_0) \end{vmatrix} = 0$$

因式(1),(2)作为 $y'(x_0)$ 的线性代数方程组，它有解 $y'(x_0)$ 的充要条件是线性方程组的系数成比例。这就是

$$\begin{vmatrix} f'_x(x_0,y_0) & f'_y(x_0,y_0) \\ g'_x(x_0,y_0) & g'_y(x_0,y_0) \end{vmatrix} = 0$$

这也就是说，$g(x,y)=0$ 图形上之非奇点 (x_0,y_0) 能使 $f(x,y)$ 取条件最值的点（称为非奇最值点），必是

$$g(x,y) = 0, \quad \begin{vmatrix} f'_x(x,y) & f'_y(x,y) \\ g'_x(x,y) & g'_y(x,y) \end{vmatrix} = 0$$

之解，但 (x_0,y_0) 只能使 $f(x,y)$ 在 (x_0,y_0) 之邻域取条件最值的点（称为非奇极值点），也能使上述方程组得到满足，所以上述方程组之解只是可能的非奇最值点。

68. 用 Lagrange 乘数法求可能的非奇最值点

我们已经知道可能是 $g(x,y)=0$ 图形上之非奇最值点 (x,y) 必是方程组

$$g(x,y) = 0, \quad \begin{vmatrix} f'_x(x,y) & f'_y(x,y) \\ g'_x(x,y) & g'_y(x,y) \end{vmatrix} = 0 \qquad (1)$$

之解。

直接解式(1)来求可能的非奇最值点很不方便，尤其在解推广了的条件最值问题时，更是如此。通常，我们利用下列定理来求

式(1)之解.

Lagrange 乘数法定理   求式(1)之解和求下列方程组(将 λ 抹去后)之解是相同的.

$$g(x,y)=0, \quad f'_x(x,y)+\lambda g'_x(x,y)=0$$
$$f'_y(x,y)+\lambda g'_y(x,y)=0 \tag{2}$$

证   式(1)之解 x,y 除了满足 $g(x,y)=0$ 外,还要满足

$$\begin{vmatrix} f'_x(x,y) & f'_y(x,y) \\ g'_x(x,y) & g'_y(x,y) \end{vmatrix}=0$$

这恰巧是(2)中后两个方程有解 λ 的充要条件,所以对这组 x,y 必有 λ 使式(2)满足. 即式(2)解中将 λ 抹去就是式(1)之解. 反之,如 x,y,λ 是(2)之解,则 x,y 必使 $g(x,y)=0$,还要满足使式(2)中后两个线性方程有解之充要条件,它就是

$$\begin{vmatrix} f'_x(x,y) & f'_y(x,y) \\ g'_x(x,y) & g'_y(x,y) \end{vmatrix}=0$$

即 (x,y) 满足式(1).

为了得出方程组(2),通常先作 $L \equiv f(x,y)+\lambda g(x,y)$(称 Lagrange 函数),然后令

$$L'_\lambda \equiv g(x,y)=0$$
$$L'_x \equiv f'_x(x,y)+\lambda g'_x(x,y)=0$$
$$L'_y \equiv f'_y(x,y)+\lambda g'_y(x,y)=0$$

就得到了方程组(2)我们把这种方法称 Lagrange 乘数法. 用 Lagrange 乘数法找到全部可能的非奇最值点后,就可以通过适当比较来判断哪些是条件最值点了.

69. 通过适当比较来判定哪些非奇最值点为条件最值点

(1)当 $g(x,y)=0$ 之图形为有界闭集时,$f(x,y)$ 在 $g(x,y)=0$ 之图形上有最大值和最小值(条件最值),它们只能在 $g(x,y)=0$ 图

形之奇点处取得或在上述非奇最值点处取得,将这些点处之函数值进行比较,最大的就是条件最大值,最小的就是条件最小值.

（2）当 $g(x,y)=0$ 之图形为非有界闭集时,再考虑用舍弃原理.

例 1 求原点到星形线 $x^{\frac{2}{3}}+y^{\frac{2}{3}}-1=0$ 之最大及最小距离.

解 先求出条件最值点.由于 x^2+y^2 与 $\sqrt{x^2+y^2}$ 在 $x^{\frac{2}{3}}+y^{\frac{2}{3}}-1=0$ 条件下有相同的条件最值点.我们求 x^2+y^2 在 $x^{\frac{2}{3}}+y^{\frac{2}{3}}-1=0$ 条件下之条件最值点,可使计算简化.

作 $L \equiv x^2+y^2+\lambda(x^{\frac{2}{3}}+y^{\frac{2}{3}}-1)$,令

$$L'_\lambda = x^{\frac{2}{3}}+y^{\frac{2}{3}}-1=0 \tag{1}$$

$$L'_x = 2x+\frac{2}{3}\lambda x^{-\frac{1}{3}}=0 \tag{2}$$

$$L'_y = 2y+\frac{2}{3}\lambda y^{-\frac{1}{3}}=0 \tag{3}$$

从方程（2）,（3）得 $x=\pm y$,代入方程（1）得

$$x=\pm\left(\frac{1}{2}\right)^{\frac{3}{2}}$$

故得所有非奇可疑点为

$$\left(\left(\frac{1}{2}\right)^{\frac{3}{2}},\ \left(\frac{1}{2}\right)^{\frac{3}{2}}\right),\ \left(\left(\frac{1}{2}\right)^{\frac{3}{2}},\ -\left(\frac{1}{2}\right)^{\frac{3}{2}}\right)$$

$$\left(-\left(\frac{1}{2}\right)^{\frac{3}{2}},\ \left(\frac{1}{2}\right)^{\frac{3}{2}}\right),\ \left(-\left(\frac{1}{2}\right)^{\frac{3}{2}},-\left(\frac{1}{2}\right)^{\frac{3}{2}}\right)$$

星形线上有 4 个奇点:$(1,0),(0,1),(-1,0),(0,-1)$.

在非奇可疑点处 x^2+y^2 之值为 $\frac{1}{4}$;在奇点处 x^2+y^2 之值为 1.

故 4 个非奇可疑点为条件最小值点;4 个奇点为条件最大值点.原点到星形线之最小距离为 $\frac{1}{2}$;原点到星形线之最大距离为 1.

例 2 求 $2x^2+y^2$ 在 $x+y-1=0$ 条件下之最小值.

解 先求所有非奇可疑点,作 $L=2x^2+y^2+\lambda(x+y-1)$,令

$$L'_\lambda \equiv x+y-1=0, \quad L'_x \equiv 4x+\lambda=0, \quad L'_y \equiv 2y+\lambda=0$$

解之,并抹去 λ,得

$$x=\frac{1}{3}, \quad y=\frac{2}{3}$$

在 $\left(\frac{1}{3},\frac{2}{3}\right)$ 处 $2x^2+y^2$ 之值为 $\frac{2}{3}$.

现在 $x+y-1=0$ 之图形不是有界闭集,考虑用舍弃原理.

当 $x^2+y^2 \geqslant 1$ 时,$2x^2+y^2 \geqslant 1$,可以将 $x+y-1=0$ 图形上 $x^2+y^2>1$ 的部分舍弃,经舍弃后,$x+y-1=0$ 之图形只剩下单位圆中的一段. 它就是连接 $(1,0)$ 到 $(0,1)$ 的直线段,它是有界闭集,如图 26 所示. $2x^2+y^2$ 在其上是有最小值的,我们再求 $2x^2+y^2$ 在 $x+y-1=0$ 位于 $(1,0)$ 到 $(0,1)$ 这一段上之最小值. 此线段上有唯一非奇可疑点 $\left(\frac{1}{3},\frac{2}{3}\right)$,$2x^2+y^2$ 在此点之

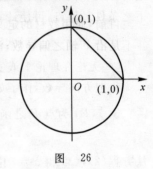

图　26

值仍为 $\frac{2}{3}$,内部已无非奇可疑点之值需比较,只有线段之端点 $(1,0)$,$(0,1)$ 之值需要比较,而 $2x^2+y^2$ 在这两个端点之值分别为 2 及 1,都大于 $\frac{2}{3}$. 故在 $\left(\frac{1}{3},\frac{2}{3}\right)$ 处有条件最小值 $\frac{2}{3}$.

以上这一套讲法 —— 条件最值及条件最值点之定义,非奇最值点定理,用 Lagrange 乘数法定理求可能的非奇最值点及通过适当比较来判定哪些非奇最值点为条件最值点,对有更多变量及更多条件下的最值是完全适用的. 但要用到较多线性代数的知识,这里就不讲了.

过去,数学界把本来已得到手的强信息 —— 用 Lagrange 乘数法求出的 (x,y) 是可能的非奇点的条件最值点减弱为这种 (x,y) 是可能的条件最(极)值点(不知为什么将非奇点的信息丢失了),从而

迷失了通过适当比较就可判定 (x,y) 是否为条件最值点的决策,以致在求条件最值时,普遍犯了错误. 陆庆东教授知道我的这种讲法后,曾经有兴趣地问我:"老孙,你是怎样想到这种讲法的?"我说:"想想就想到了."现在陆先生逝世都已 10 年了,光阴过得真快!

70. 方向导数究竟应该怎样定义?

目前,通用教材的定义并不好,照这个定义,沿 x 轴方向之导数并不是沿 x 轴之偏导数;沿反方向之导数并不是沿正方向之导数反号. 这些无论在理论上或实践上都是很不方便的.

我把方向导数,作了如下的定义:

设 $f(P)$ 为点 P 之函数,P_0 为一定点,$\vec{l}$ 为过 P_0 的一条有向直线. 若

$$\lim_{\substack{P \in \vec{l} \\ P \to P_0}} \frac{f(P) - f(P_0)}{P_0 P}$$

存在(此处 $P_0 P$ 为有向线段 $\overrightarrow{P_0 P}$ 在 $\vec{l}$ 上之大小),则就把这个极限称为 $f(P)$ 在 P_0 点沿 $\vec{l}$ 方向之导数.

记 P 之坐标为 (x,y),P_0 之坐标为 (x_0,y_0),$P_0 P$ 为 l,则方向导数也可以这么说,若 $\lim\limits_{l \to 0} \dfrac{f(x_0 + l\cos\theta, y_0 + l\sin\theta) - f(x_0, y_0)}{l}$ 存在,则就把此极限叫做 $f(P)$ 在 P_0 点沿 $\vec{l}$ 方向之导数,如图 27 所示.

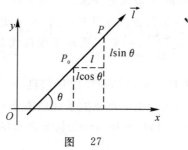

图　27

于是,当 $\vec{l}$ 为 x 轴时,方向导数为

$$\lim_{l \to 0} \frac{f(x_0 + l\cos\theta, y_0 + l\sin\theta) - f(x_0, y_0)}{l} =$$

$$\lim_{l \to 0} \frac{f(x_0 + l) - f(x_0, y_0)}{l} = f'_x(x_0, y_0)$$

当 $\vec{l^-}$ 为 $\vec{l}$ 之反向直线时,沿 $\vec{l^-}$ 方向之导数为

$$\lim_{l \to 0} \frac{f(x_0 + l\cos(\pi + \theta), y_0 + l\sin(\pi + \theta)) - f(x_0, y_0)}{l} =$$

$$\lim_{l \to 0} \frac{f(x_0 - l\cos\theta, y_0 - l\sin\theta) - f(x_0, y_0)}{l} =$$

$$\lim_{(-l) \to 0} - \frac{f(x_0 + (-l)\cos\theta, y_0 + (-l)\sin\theta) - f(x_0, y_0)}{(-l)} =$$

"一沿 $\vec{l}$ 方向之导数"

所以通用教材中的两个弊病都克服了.

在这种定义里把 $f(P) - f(P_0)$ 写成一个 l 的简单复合函数

$$\left. \left[f(x, y) - f(x_0, y_0) \right] \right|_{\substack{x = x_0 + l\cos\theta \\ y = y_0 + l\sin\theta}}$$

而通用教材的定义里,还须限制 $l > 0$,不如这里讲的定义方便.

偏导数开辟了通过一元函数来研究多元函数的一条渠道,而方向导数则更拓宽了这条渠道.

71. 方向导数与可微有什么关系?

设函数 $f(x, y)$ 在定点 (x_0, y_0) 沿任一有向直线的方向导数都存在时,和 $f(x, y)$ 在 (x_0, y_0) 可微有什么关系?

(1) $f(x, y)$ 在 (x_0, y_0) 沿任一有向直线 $\vec{l}$ 方向导数都存在,未必 $f(x, y)$ 在 (x_0, y_0) 处可微,甚至方向导数可以不是

$$f'_x(x_0, y_0)\cos\theta + f'_y(x_0, y_0)\sin\theta$$

例如,若
$$f(x,y) = \begin{cases} \dfrac{x^2+y^2}{y}, & y \neq 0 \\ 0, & y = 0 \end{cases}$$

则 $f(x,y)$ 在 $(0,0)$ 处沿任一方向角为 θ 的有向直线 $\vec{l}$ 之方向导数为

$$\lim_{l\to 0}\frac{f(0+l\cos\theta,\theta+l\sin\theta)-f(0,0)}{l} = \begin{cases} \lim\limits_{l\to 0}\dfrac{\dfrac{l^2}{l\sin\theta}}{l}=\dfrac{1}{\sin\theta}, & \theta\neq 0,\pi \\ \lim\limits_{l\to 0}\dfrac{0-0}{l}=0, & \theta=0,\pi \end{cases}$$

所以,$f(x,y)$ 在 $(0,0)$ 沿任一有向直线 $\vec{l}$ 之方向导数存在.

而 $f(x,y)$ 在 $(0,0)$ 处不可微,因为

$$| f(x,y)-f(0,0)-[f'_x(0,0)x+f'_y(0,0)y] |=$$

$$| f(x,y)-y |= \begin{cases} \dfrac{x^2}{y}, & y\neq 0 \\ 0, & y=0 \end{cases}$$

当 (x,y) 沿着 $y=x^2$ 而趋近于 $(0,0)$,它趋近于1,连无穷小量都不是,故 $f(x,y)$ 在 $(0,0)$ 处不可微. 这时,方向导数不是 $f'_x(0,0)\cos\theta+f'_y(0,0)\sin\theta=\sin\theta$.

(2)$f(x,y)$ 在 (x_0,y_0) 沿任一有向直线 $\vec{l}$ 方向之导数都存在,即使方向导数为 $f'_x(x_0,y_0)\cos\theta+f'_y(x_0,y_0)\sin\theta$,也未必 $f(x,y)$ 在 (x_0,y_0) 处可微.

例如,若

$$f(x,y) = \begin{cases} l\sin\theta, & \text{当}(x,y)\text{在心形线 } \rho=1-\cos\theta \text{ 及其内部} \\ 1, & \text{当}(x,y)\text{在心形线外部而不在 } x \text{ 轴上} \\ 0, & \text{当}(x,y)\text{在心形线外部而在 } x \text{ 轴上} \end{cases}$$

则 $f(x,y)$ 在 $(0,0)$ 处沿着任一方向角为 θ 之有向直线 $\vec{l}$ 方向之导数为

$$\begin{cases} \lim\limits_{l\to 0}\dfrac{l\sin\theta-0}{l}=\sin\theta, & \theta\neq 0,\pi \\ \lim\limits_{l\to 0}\dfrac{0-0}{l}=0, & \theta=0,\pi \end{cases}$$

此时，

$$f'_x(0,0)=0, \quad f'_y(0,0)=\sin\frac{\pi}{2}=1$$

$$f'_x(0,0)\cos\theta+f'_y(0,0)\sin\theta=\sin\theta$$

所以 $f(x,y)$ 在 $(0,0)$ 处沿任一方向角为 θ 的有向直线 $\vec{l}$ 方向之导数不仅存在，且是 $f'_x(0,0)\cos\theta+f'_y(0,0)\sin\theta$，但 $f(x,y)$ 在 $(0,0)$ 点仍不可微，因为对任意 $\varepsilon>0(\varepsilon<1)$，在 $(0,0)$ 的任意邻域上总有点在心形线外部且不在 x 轴上，在此点处，

$$|f(x,y)-f(0,0)-[f'_x(0,0)\cos\theta+f'_y(0,0)\sin\theta]|=1$$

不能小于 ε，故 $f(x,y)$ 在 $(0,0)$ 处不可微.

若 $f(x,y)$ 在 (x_0,y_0) 沿任一方向角为 θ 的有向直线 $\vec{l}$ 方向之导数都存在，且为 $f'_x(x_0,y_0)\cos\theta+f'_y(x_0,y_0)\sin\theta$，并且对任意 $\varepsilon>0$，都存在与 θ 无关之 δ，使 $0<|l|<\delta$ 时，

$$\left|\frac{f(x,y)-f(x_0,y_0)}{l}-[f'_x(x_0,y_0)\cos\theta+f'_y(x_0,y_0)\sin\theta]\right|<\varepsilon$$

成立，则 $f(x,y)$ 在 (x_0,y_0) 处可微.

证 令 $l\cos\theta=\Delta x,l\sin\theta=\Delta y$，则 $0<|l|<\delta$ 时，即 $0<\sqrt{\Delta x^2+\Delta y^2}<\delta$ 时，可使

$$\left|\frac{f(x,y)-f(x_0,y_0)}{l}-[f'_x(x_0,y_0)\cos\theta+f'_y(x_0,y_0)\sin\theta]\right|<\varepsilon$$

即使

$$\frac{|f(x_0+\Delta x,y_0+\Delta y)-f(x_0,y_0)-[f'_x(x_0,y_0)\Delta x+f'_y(x_0,y_0)\Delta y]|}{|l|}<\varepsilon$$

亦即使

$$|f(x_0+\Delta x,y_0+\Delta y)-f(x_0,y_0)-[f'_x(x_0,y_0)\Delta x+$$
$$f'_y(x_0,y_0)\Delta y]|<\varepsilon\sqrt{\Delta x^2+\Delta y^2}$$

这就表明 $f(x,y)$ 在 (x_0,y_0) 处可微.

72. 二元函数在一点可微的充要条件

我上数学分析课时,陈传璋老师在讲到可微的条件时,特别提了一下:"可微的充要条件,现在还没有得到",30 多年后,我得到了如下的充要条件,还没有来得及请他指教,他就去世了,光阴过得真快! 我得到如下的命题.

$f(x,y)$ 在 (x_0,y_0) 可微的充要条件是:

(1) $f(x,y)$ 在 (x_0,y_0) 处沿任一方向角为 θ 的有向直线方向的导数都存在.

(2) 方向导数为 $f'_x(x_0,y_0)\cos\theta + f'_y(x_0,y_0)\sin\theta$.

(3) 对任意 $\varepsilon > 0$,总存在与 θ 无关之 $\delta > 0$,使 $0 < |l| < \delta$ 时 $(x = l\cos\theta, y = l\sin\theta)$,有

$$\left| \frac{f(x,y) - f(x_0,y_0)}{l} - \left[f'_x(x_0,y_0)\cos\theta + f'_y(x_0,y_0)\sin\theta \right] \right| < \varepsilon$$

我们在 71 讲已经知道(1),(2),(3)成立时,$f(x,y)$ 在 (x_0,y_0) 处可微,而 $f(x,y)$ 在 (x_0,y_0) 处可微时,必有(1),(2)成立,现在来说明(3)也能成立.

由于

$$f(x_0 + \Delta x, y_0 + \Delta y) - f(x_0,y_0) - [f'_x(x_0,y_0)\Delta x +$$
$$f'_y(x_0,y_0)\Delta y] = o(\sqrt{\Delta x^2 + \Delta y^2})$$

即是

$$\frac{| f(x_0 + \Delta x, y + \Delta y) - f(x_0,y_0) - [f'_x(x_0,y_0)\Delta x + f'_y(x_0,y_0)] |}{\sqrt{\Delta x^2 + \Delta y^2}}$$

$$\tag{1}$$

是 $(\Delta x, \Delta y) \to (0,0)$ 时的无穷小量,故对任意 $\varepsilon > 0$,必有 $\delta > 0$,使 $0 < \sqrt{\Delta x^2 + \Delta y^2} < \delta$ 时,式(1)可小于 ε,令 $\Delta x = l\cos\theta, \Delta y = l\sin\theta$,即当 $0 < |l| < \delta$ 时

$$\left| \frac{f(x_0 + l\cos\theta, y_0 + l\sin\theta) - f(x_0, y_0)}{l} - \left[f'_x(x_0, y_0)\cos\theta + \right.\right.$$
$$\left.\left. f'_y(x_0, y_0)\sin\theta \right] \right| < \varepsilon$$

所以 $f(x, y)$ 在 (x_0, y_0) 处可微之充要条件为 (1),(2),(3) 同时成立.

73. 利用方向导数来求二元函数有 Peano 余项的 Taylor 公式

我们有下述定理：

若 $f(x, y)$ 连同它的 1 阶至 n 阶的偏导数都在 (x_0, y_0) 的某邻域内连续,且它的一切 $n+1$ 阶偏导数都在 (x_0, y_0) 处连续,则

$$f(x, y) - \left[f(x_0, y_0) + \right.$$
$$\left. \sum_{h=1}^{n} \frac{l^k}{k!} \left(\frac{\partial}{\partial x}\cos\theta + \frac{\partial}{\partial y}\sin\theta \right)^h f(x, y) \right] \Bigg|_{(x, y) = (x_0, y_0)} = o(1)l^n$$

此处 $(x, y) = (x_0 + l\cos\theta, y_0 + l\sin\theta)$, $o(1)$ 是一个 $(x, y) \to (x_0, y_0)$ 时的无穷小量.

证 (1) 我们先作一辅助函数 $f_\theta(l)$.

过 P_0 作一对 x 轴之方向角 $(\vec{l}, \vec{x}) = \theta$ 之有向直线 $\vec{l}$.

命 $\overrightarrow{P_0P}$ 在 $\vec{P}$ 上的大小为 l,每对一个 l 之值 $\vec{l}$ 上有唯一点 P,从而有唯一的 $f(P) - f(P_0)$,所以 $f(P) - f(P_0)$ 是唯一地随 l 在 $l = 0$ 邻近之值而确定的(因为 l 在 $l = 0$ 邻近,P 在 P_0 邻近,$f(P)$ 就唯一确定,它是 l 的函数,不妨记为 $f_\theta(l)$,因此函数与 θ 有关),设 P 之坐标为 (x, y),P_0 之坐标为 (x_0, y_0),则由于 $(x, y) = (x_0 + l\cos\theta, y_0 + l\sin\theta)$. 所以 $f_\theta(l) = f(x, y) - f(x_0, y_0)$,实际上是 l 的一个复合函数.

(2) 求出 $f_\theta(l)$ 的从 1 阶到 $n+1$ 阶导数.

当 $f_\theta(x, y)$ 之一切 1 阶偏导数在 (x_0, y_0) 之邻域连续时,$f(x,$

y)在(x_0, y_0)邻域内都可微,所以由复合函数求偏导数法则,可得

$$f'_\theta(l) = f'_x(x, y)\cos\theta + f'_y(x, y)\sin\theta = \left\{\frac{\partial}{\partial x}\cos\theta + \frac{\partial}{\partial y}\sin\theta\right\} f(x, y)$$

在$l = 0$邻域内确定且连续.

$$f'_\theta(0) = \left(\frac{\partial}{\partial x}\cos\theta + \frac{\partial}{\partial y}\sin\theta\right) f(x, y) \bigg|_{(x, y) = (x_0, y_0)}$$

简记为

$$\left(\frac{\partial}{\partial x}\cos\theta + \frac{\partial}{\partial y}\sin\theta\right) f(x_0, y_0)$$

当$f(x, y)$之一切 2 阶偏导数在(x_0, y_0)邻域连续时,$f'_x(x, y)$, $f'_y(x, y)$都在(x_0, y_0)邻域可微. 所以,由复合函数求偏导数法则,可得

$$f''_\theta(l) = \frac{\partial}{\partial x}\left[\left(\frac{\partial}{\partial x}\cos\theta + \frac{\partial}{\partial y}\sin\theta\right) f(x, y)\right]\cos\theta +$$

$$\frac{\partial}{\partial y}\left[\left(\frac{\partial}{\partial x}\cos\theta + \frac{\partial}{\partial y}\sin\theta\right) f(x, y)\right]\sin\theta$$

现由于连续偏导数与求导次序无关,所以

$$f''_\theta(l) = \left(\frac{\partial}{\partial x}\cos\theta + \frac{\partial}{\partial y}\sin\theta\right)^2 f(x, y)$$

在$l = 0$邻域内能确定且连续.

$$f''_\theta(0) = \left(\frac{\partial}{\partial x}\cos\theta + \frac{\partial}{\partial y}\sin\theta\right)^2 f(x_0, y_0)$$

依次类推,可得当$k \leqslant n$时,

$$f_\theta^{(k)}(l) = \left(\frac{\partial}{\partial x}\cos\theta + \frac{\partial}{\partial y}\sin\theta\right)^k f(x, y)$$

在$l = 0$邻域内确定且连续.

$$f_\theta^{(k)}(0) = \left(\frac{\partial}{\partial x}\cos\theta + \frac{\partial}{\partial y}\sin\theta\right)^k f(x_0, y_0)$$

最后,由于$f(x, y)$之一切$n+1$阶导数都在(x_0, y_0)处连续,可知$\left(\frac{\partial}{\partial x}\cos\theta + \frac{\partial}{\partial y}\sin\theta\right)^n f(x, y)$之一切 1 阶偏导数在$(x_0, y_0)$处连

续,所以 $\left(\dfrac{\partial}{\partial x}\cos\theta + \dfrac{\partial}{\partial y}\sin\theta\right)^n f(x,y)$ 在 (x_0,y_0) 处可微. 所以

$$\left(\frac{\partial}{\partial x}\cos\theta + \frac{\partial}{\partial y}\sin\theta\right)\left(\frac{\partial}{\partial x}\cos\theta + \frac{\partial}{\partial y}\sin\theta\right)^n f(x,y)\bigg|_{(x,y)=(x_0,y_0)} =$$

$$\left(\frac{\partial}{\partial x}\cos\theta + \frac{\partial}{\partial y}\sin\theta\right)^{n+1} f(x_0,y_0)$$

这也就是 $f_\theta^{(n+1)}(0)$.

(3) 验证定理之正确性.

由一元函数之有 Peano 余项的 Taylor 公式,有

$$f_\theta(l) = f_\theta(0) + \sum_{k=1}^{n+1} \frac{l^k}{k!} f_\theta^{(k)}(0) + o(l^{n+1})$$

即

$$f(x,y) - \left[f(x_0,y_0) + \sum_{k=1}^{n} \frac{l^k}{k!} \left(\frac{\partial}{\partial x}\cos\theta + \frac{\partial}{\partial y}\sin\theta\right)^k f(x_0,y_0) \right] =$$

$$\frac{l}{(n+1)!} \left(\frac{\partial}{\partial x}\cos\theta + \frac{\partial}{\partial y}\sin\theta\right)^{n+1} f(x_0,y_0) + o(l^{n+1}) \quad (1)$$

对任何 $\varepsilon > 0$,不管 θ 是什么数,总有与 θ 无关之正数 δ_1,使 $0 < |l| < \delta_1$ 时,有

$$\left| \frac{l}{(n+1)!} \left(\frac{\partial}{\partial x}\cos\theta + \frac{\partial}{\partial y}\sin\theta\right)^{n+1} f(x_0,y_0) \right| < \frac{\varepsilon}{2}$$

(因 $\left| \dfrac{1}{(n+1)!} \left(\dfrac{\partial}{\partial x}\cos\theta + \dfrac{\partial}{\partial y}\sin\theta\right) f(x_0,y_0) \right|$ 为固定数)

也有与 θ 无关之正数 δ_2,使 $0 < |l| < \delta_2$ 时,$|o(1)l| < \dfrac{\varepsilon}{2}$,(因 $|o(1)|$ 有上界). 所以,当 $0 < |l| < \min\{\delta_1,\delta_2\}$ 时,即 $0 < \sqrt{(x-x_0)^2 + (y-y_0)^2} < \min\{\delta_1,\delta_2\}$ 时,式(1)右端之绝对值小于 ε,故右端是 $(x,y) \to (x_0,y_0)$ 的一无穷小量,定理证毕.

迄今为止,二元函数的有 Peano 余项的 Taylor 公式都是通过有 Lagrange 余项的 Taylor 公式来证明的,要求的条件比较强. 本证法要求 $f(x,y)$ 在 (x_0,y_0) 邻域内有连续的 1 阶直到 n 阶偏导数,和传统证法一样. 但这里的证法只要求 $f(x,y)$ 的一切 $n+1$ 阶偏导数在

(x_0,y_0) 处连续,比传统证法要求 $f(x,y)$ 的一切 $n+1$ 阶偏导数在 (x_0,y_0) 的某邻域连续的条件弱.

这是我审查一篇推荐来的有同样题目的稿件时,发现它是大错特错之后而写的一篇文章.我想既然它是错了,那么我能不能写出一篇正确的呢?想了几天就写成了这篇文章.亲爱的读者,搞研究就要有锲而不舍的精神.

74. 二元函数的有 Lagrange 余项的 Taylor 公式有一个需要特别注意的条件

二元函数 $f(x,y)$ 的有 Lagrange 余项的(在点 (x_0,y_0) 的 n 阶)Taylor 公式为

$$f(x_0+h,y_0+k)=f(x_0,y_0)+\frac{1}{l!}\left(h\frac{\partial}{\partial x}+k\frac{\partial}{\partial y}\right)f(x_0,y_0)+\cdots+$$

$$\frac{1}{n!}\left(h\frac{\partial}{\partial x}+k\frac{\partial}{\partial y}\right)^n f(x_0,y_0)+$$

$$\frac{1}{(n+1)!}\left(h\frac{\partial}{\partial x}+k\frac{\partial}{\partial y}\right)^{n+1}f(x_0+\theta h,y_0+\theta k)$$

$$(0<\theta<1)$$

通用教材用的条件是 $f(x,y)$ 在 (x_0,y_0) 的某一邻域内连续,且有直到 $n+1$ 阶的连续偏导数,(x_0+h,y_0+k) 为此邻域内任一点.这个条件不错,也很便于某些应用,但容易被人忽视.我就见到过,有人把这个条件写成了"$f(x,y)$ 在含有 (x_0,y_0) 的某个的区域内连续,且有直到 $n+1$ 阶的连续偏导数,(x_0+h,y_0+k) 为此区域内

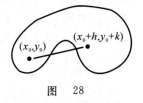

图　28

任一点".这就错了.因为连接 (x_0,y_0) 和 (x_0+h,y_0+k) 之直线段可以不在此区域内,如图 28 所示.作辅助函数 $\Phi(t)=f(x_0+th,y_0+tk)$ 就会不在 $[0,1]$ 上连续,且有直到 n 阶连续的导数,所以特别要

注意.

　　将邻域推广为区域,有时也有用. 但至少区域要能保证连接 (x_0,y_0) 到此区域内的任一点 (x_0+h,y_0+k) 的直线段会在此区域内,这种区域,我们称它为以 (x_0,y_0) 为中心的星形区域. 将邻域推广为星形区域,有时有用,但不多. 用得较多的是把邻域推广为凸区域,即能保证连接此区域内任意两点之直线段在此区域内的区域,这些就不多讲了.

75. 什么是曲面? 什么是光滑曲面?

　　曲面、光滑曲面和曲线、光滑曲线的定义类似.

　　若动点 P 的坐标 (x,y,z) 都是变量 (u,v) 的函数,确定在某区域 D 上,并且都是 u,v 在 D 上连续的函数,则把 P 的轨迹称为曲面,亦即,若

$$\begin{cases} x=\varphi(u,v) \\ y=\psi(u,v) \\ z=\rho(u,v) \end{cases}$$

确定在 D 上,且都是 u,v 在 D 上连续的函数. 则将 (x,y,z) 的轨迹叫做曲面,定义中的参数方程就叫做该曲面的参数方程. 但是这样定义的曲面,其上的动点还可以随意变动的,使它和我们直观认识的曲面有一定差别,我们直观认识的曲面,常是有连续转动的法线的,称为光滑曲面. 从曲面的参数方程来说,就是要求 $\varphi(u,v),\psi(u,v),\rho(u,v)$ 的偏导数都在 D 上连续,且没有一点 $\begin{vmatrix} y'_u & z'_u \\ y'_v & z'_v \end{vmatrix}$, $\begin{vmatrix} z'_u & x'_u \\ z'_v & x'_v \end{vmatrix}$, $\begin{vmatrix} x'_u & y'_u \\ x'_v & y'_v \end{vmatrix}$ 能同时为 0.

　　若曲面的参数方程为

$$\begin{cases} x = \varphi(u,v) \\ y = \psi(u,v) \\ z = \rho(u,v) \end{cases} \tag{1}$$

确定在 D 上,则在任一 (u,v) 所相应之点处,曲面之法线向量为

$$\begin{vmatrix} y'_u & z'_u \\ y'_v & z'_v \end{vmatrix} \vec{i} + \begin{vmatrix} z'_u & x'_u \\ z'_v & x'_v \end{vmatrix} \vec{j} + \begin{vmatrix} x'_u & y'_u \\ x'_v & y'_v \end{vmatrix} \vec{k} \tag{2}$$

若曲面之参数方程如式(1),而 D 为一有界闭区域,则此曲面之面积为

$$\int_D \sqrt{\begin{vmatrix} y'_u & z'_u \\ y'_v & z'_v \end{vmatrix}^2 + \begin{vmatrix} z'_u & x'_u \\ z'_v & x'_v \end{vmatrix}^2 + \begin{vmatrix} x'_u & y'_u \\ x'_v & y'_v \end{vmatrix}^2} \, \mathrm{d}\Omega \tag{3}$$

还有一点值得一说的,就是光滑曲面总是有两个不同之侧的,一个侧上的法线向量是

$$\begin{vmatrix} y'_u & z'_u \\ y'_v & z'_v \end{vmatrix} \vec{i} + \begin{vmatrix} z'_u & x'_u \\ z'_v & x'_v \end{vmatrix} \vec{j} + \begin{vmatrix} x'_u & y'_u \\ x'_v & y'_v \end{vmatrix} \vec{k}$$

此侧称曲面的自然侧;另一个侧上的法线向量是

$$-\begin{vmatrix} y'_u & z'_u \\ y'_v & z'_v \end{vmatrix} \vec{i} - \begin{vmatrix} z'_u & x'_u \\ z'_v & x'_v \end{vmatrix} \vec{j} - \begin{vmatrix} x'_u & y'_u \\ x'_v & y'_v \end{vmatrix} \vec{k}$$

此侧称曲面的非自然侧.

76. 为什么计算二重积分时会发生困难?

对于 y 型区域

$$\Omega = \{(x,y) \mid \varphi_1(x) \leqslant y \leqslant \varphi_2(x), a \leqslant x \leqslant b\}$$

$$\int_\Omega f(x,y)\mathrm{d}\Omega = \int_a^b \left[\int_{\varphi_1(x)}^{\varphi_2(x)} f(x,y)\mathrm{d}y \right] \mathrm{d}x$$

对于 x 型区域

$$\Omega = \{(x,y) \mid \psi_1(y) \leqslant x \leqslant \psi_2(y), c \leqslant y \leqslant d\}$$

$$\int_\Omega f(x,y)\mathrm{d}\Omega = \int_c^d \left[\int_{\psi_1(y)}^{\psi_2(y)} f(x,y)\mathrm{d}x \right] \mathrm{d}y$$

以上已经把如何通过两次单积分来计算二重积分的公式写得很清楚了,可是有些同学仍然觉得计算还有些困难. 很大的一个原因是:区域表示形式的多样性,实际上是一个 y 型或 x 型区域,可是偏不用 y 型或 x 型区域的典型表示形式来写. 所以最好能画一个 Ω 的草图,看看它是不是 y 型的,a,b 是什么,$\varphi_1(x)$,$\varphi_2(x)$ 又是什么;或者它是不是 x 型的,c,d 是什么,$\psi_1(y)$,$\psi_2(y)$ 又是什么;或者它是不是需要分成一些 x 型或 y 型的区域来计算. 老师上课的时候,往往强调计算二重积分时,首先要画一个积分域的草图,就是这个道理.

例　试计算 $\displaystyle\int_{\Omega} 2xy\mathrm{d}\Omega$,其中 Ω 为以 $y=x$,$y=2x$ 及 $x+y=6$ 所围之三角形.

解　作 Ω 之草图,如图 29 所示,可见 $\Omega =$
$\Omega_1 \bigcup \Omega_2$,其中

图　29

$\Omega_1 = \{(x,y) \mid x \leqslant y \leqslant 2x, \quad 0 \leqslant x \leqslant 2\}$
$\Omega_2 = \{(x,y) \mid x \leqslant y \leqslant 6-x, \quad 2 \leqslant x \leqslant 3\}$
所以

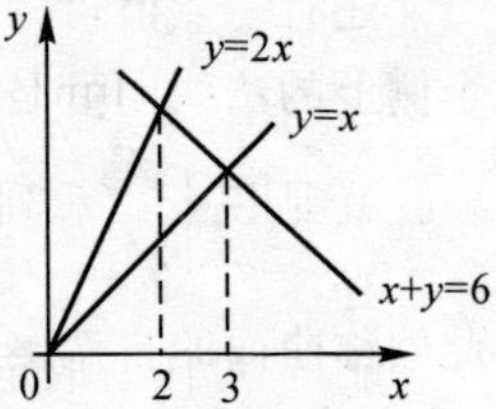

$$\int_{\Omega} 2xy\mathrm{d}\Omega = \int_{\Omega_1} 2xy\mathrm{d}\Omega + \int_{\Omega_2} 2xy\mathrm{d}\Omega =$$

$$\int_0^2 \left[\int_0^{2x} 2xy\mathrm{d}y\right]\mathrm{d}x + \int_2^3 \left[\int_x^{6-x} 2xy\mathrm{d}y\right]\mathrm{d}x =$$

$$12 + 14 = 26$$

77. 为什么广义二重积分只对非负被积函数来定义?

在概率论里,我们要用到非负函数的广义重积分,广义重积分和普通重积分在记号上相同,也记作 $\displaystyle\int_{\Omega} f(x,y)\mathrm{d}\Omega$,但它的积分域是无界的或者被积函数是无界的. 对广义积分不能照通常重积分来理解它的值. 我们规定广义积分之值为比 Ω 较小之积分域上普通二重积分之极限,详细地说,取一系列可变有界变区域 $\Omega' \subset \Omega$,使

$\int_{\Omega'} f(x,y)\mathrm{d}\Omega$ 存在,并且 Ω' 可不断膨胀而无限接近于 Ω.我们就取此

$\int_{\Omega'} f(x,y)\mathrm{d}\Omega$ 所无限接近之数,即 $\lim\limits_{\Omega'\to\Omega}\int_{\Omega'} f(x,y)\mathrm{d}\Omega$ 作为广义积分

$\int_{\Omega} f(x,y)\mathrm{d}\Omega$ 之值,关于非负函数之广义重积分有两点要说明.

(1) 显然,$\int_{\Omega'} f(x,y)\mathrm{d}\Omega$ 随 Ω' 之膨胀而不断增大,故它必然趋近

于某数或 $+\infty$ 而不摆动,因而其极限 $\int_{\Omega} f(x,y)\mathrm{d}\Omega$ 总存在或是 $+\infty$.

(2) 任取另一系列可变有界闭区域 $\Omega''\subset\Omega$,使 $\int_{\Omega''} f(x,y)\mathrm{d}\Omega$ 存

在且 Ω'' 可不断膨胀而无限接近于 Ω,则必有

$$\lim_{\Omega'\to\Omega}\int_{\Omega'} f(x,y)\mathrm{d}\Omega=\lim_{\Omega''\to\Omega}\int_{\Omega''} f(x,y)\mathrm{d}\Omega$$

这也就是说,一系列可变有界闭区域可任意取,不影响广义积
分之值.

证 对任一取定之 Ω',必有某 $\Omega''\supset\Omega'$(因 $\Omega'\subset\Omega$ 而 Ω'' 不断膨
胀而无限接近于 Ω),故

$$\lim_{\Omega''\to\Omega}\int_{\Omega''} f(x,y)\mathrm{d}\Omega\geqslant\int_{\Omega''} f(x,y)\mathrm{d}\Omega\geqslant\int_{\Omega'} f(x,y)\mathrm{d}\Omega$$

既然对任一 Ω' 都有 $\lim\limits_{\Omega''\to\Omega}\int_{\Omega''} f(x,y)\mathrm{d}\Omega\geqslant\int_{\Omega'} f(x,y)\mathrm{d}\Omega$.故

$$\lim_{\Omega''\to\Omega}\int_{\Omega''} f(x,y)\mathrm{d}\Omega\geqslant\lim_{\Omega'\to\Omega}\int_{\Omega'} f(x,y)\mathrm{d}\Omega$$

同理可有

$$\lim_{\Omega'\to\Omega}\int_{\Omega'} f(x,y)\mathrm{d}\Omega\geqslant\lim_{\Omega''\to\Omega}\int_{\Omega''} f(x,y)\mathrm{d}\Omega$$

所以

$$\lim_{\Omega'\to\Omega}\int_{\Omega'} f(x,y)\mathrm{d}\Omega=\lim_{\Omega''\to\Omega}\int_{\Omega''} f(x,y)\mathrm{d}\Omega$$

对于可正,可负的函数,这两点不成立.(已有这样的例证,但计
算复杂,故不说了)因此,我们不定义其广义积分.

78. 二重积分的微元法

二重积分里也有微元法,它和定积分里的微元法是完全类似的.它也是表达可加量总值的一种简单直观的方法.

设量 U 之值随着某区域 Ω 中可变区域 ω 之取定而唯一确定,则称 U 是 Ω 中可变区域 ω 之函数,$U=U(\omega)$,U 在 $\omega=\omega_0$ 之相应值就记为 $U(\omega_0)$;U 在 $\omega=\Omega$ 之值就记为 $U(\Omega)$,称 U 之总值.当 Ω 中可变区域 ω 之函数 $U=U(\omega)$ 具有可加性时(即不管将 Ω 分成怎样的一些小区域 $\Omega_1,\Omega_2,\cdots,\Omega_n$,总有 $U(\Omega)=U(\Omega_1)+U(\Omega_2)+\cdots+U(\Omega_n)$),就把 U 称为 Ω 上的可加量 U,求其总值时,可先求 U 的微元.

在 Ω 中任一点 (x,y) 处作一含有此点之小区域 $\mathrm{d}\Omega$,如有

$$U(\mathrm{d}\Omega) \approx A\mathrm{d}\Omega$$

右端之 $\mathrm{d}\Omega$ 表示小区域 $\mathrm{d}\Omega$ 之面积,A 与 $\mathrm{d}\Omega$ 无关而与 (x,y) 有关,且 $\mathrm{d}\Omega$ 之直径越小,就越精确,则把 $A\mathrm{d}\Omega$ 叫做 U 之微元,记作 $\mathrm{d}U$.

找到 $\mathrm{d}U$ 后,将它求二重积分,就是可加量之总值,即

$$U(\Omega) = \int_\Omega A\mathrm{d}\Omega$$

这可用定积分里完全相同的说法说明.

例 设 $f(x,y) > 0$ 是确定在有界闭区域 Ω 上的函数,其图形是 Ω 上方的曲面 S,如图 30 所示.

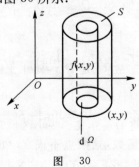

图　30

令 V 为位于区域 Ω 之上而在 S 之下的一块区域之体积，V 是 Ω 上的可加量，可用微元法求其总值，先求 V 之微元

$$dV = f(x,y)\,d\Omega$$

故
$$V = \int_{\Omega} f(x,y)\,d\Omega$$

79. 二重积分的换元公式

二重积分的换元公式要把一个 xy 平面区域上的二重积分换成一个 uv 平面区域上的二重积分. 为了表达清楚，我们把 xy 平面上的区域及面积微元分别记作 Ω_{xy} 及 $d\Omega_{xy}$，把 uv 平面上的区域及面积微元分别记作 Ω_{uv} 及 $d\Omega_{uv}$.

换元定理   若 $x = x(u,v)$，$y = y(u,v)$ 确定在有界闭区域 Ω_{uv} 上，使 Ω_{uv} 之点与某有界闭区域 Ω_{xy} 之点 1-1 对应. $x = x(u,v)$，$y = y(u,v)$ 之偏导数在 Ω_{uv} 之各点连续，且

$$J = \begin{vmatrix} x'_u(u,v) & y'_u(u,v) \\ x'_v(u,v) & y'_v(u,v) \end{vmatrix} \neq 0$$

并且 $f(x,y)$ 在 Ω_{xy} 上连续，则

$$\int_{\Omega_{xy}} f(x,y)\,d\Omega_{xy} = \int_{\Omega_{uv}} f(x(u,v),y(u,v))\,|J|\,d\Omega_{uv}$$

这就称为二重积分的换元公式.

我们用微元法来说明这个公式. 设 Ω_{uv} 中的可变区域 ω_{uv} 相应于 Ω_{xy} 中的区域 ω_{xy}，令 $U = \int_{\omega_{xy}} f(x,y)\,d\Omega_{xy}$. 当 ω_{uv} 取定时，ω_{xy} 也取定了，U 值就唯一确定了. 故 U 是 Ω_{uv} 中可变区域 ω_{uv} 之函数 $U = U(\omega_{uv})$. 当 $\omega_{uv} = \Omega_{uv}$ 时，$U(\Omega_{uv}) = \int_{\Omega_{xy}} f(x,y)\,d\Omega_{xy}$ 就是 U 的总值，它是具有可加性的. 因为将 Ω_{uv} 分成一些小区域 $\Omega_{uv1}, \Omega_{uv2}, \cdots, \Omega_{uvn}$，$\Omega_{xy}$ 就相应地分成了 $\Omega_{xy1}, \Omega_{xy2}, \cdots, \Omega_{xyn}$. 此时

$$U(\Omega_{uv1}) + U(\Omega_{uv2}) + \cdots + U(\Omega_{uvn}) =$$

$$\int_{\Omega_{xy1}} f(x,y)\mathrm{d}\Omega_{xy} + \int_{\Omega_{xy2}} f(x,y)\mathrm{d}\Omega_{xy} + \cdots +$$

$$\int_{\Omega_{xyn}} f(x,y)\mathrm{d}\Omega_{xy} =$$

$$\int_{\Omega_{xy}} f(x,y)\mathrm{d}\Omega_{xy} = U(\Omega_{uv})$$

所以 U 是可加量.

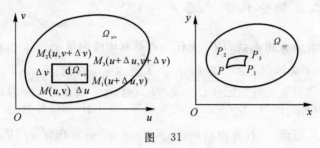

图　31

现在来求 U_{uv} 之微元,如图 31 所示,在 Ω_{uv} 中任一点 $M(u,v)$ 处作一 $\mathrm{d}\Omega_{uv}$ =小矩形 $MM_1M_3M_2$ 面积,它们的坐标分别是

$$M(u,v), \quad M_1(u+\Delta u,v), \quad M_3(u+\Delta u,v+\Delta v), \quad M_2(u,v+\Delta v)$$

$\mathrm{d}\Omega_{uv}$ 相应于 xy 平面上的小曲边四边形 $PP_1P_3P_2$,它们的坐标分别是

$$P(x,y), \quad P_1(x_1,y_1), \quad P_3(x_3,y_3), \quad P_2(x_2,y_2)$$

而
$$x=x(u,v), \quad y=y(u,v)$$
$$x_1=x(u+\Delta u,v), \quad y_1=y(u+\Delta u,v)$$
$$x_3=x(u+\Delta u,v+\Delta v), \quad y_3=y(u+\Delta u,v+\Delta v)$$
$$x_2=x(u,v+\Delta v), \quad y_2=y(u,v+\Delta v)$$

现在

$$U(\mathrm{d}\Omega_{uv}) = \int_{\square PP_1P_3P_2} f(x,y)\mathrm{d}\Omega_{xy} \approx f(\xi,\eta)(\square PP_1P_3P_2 \text{ 之面积})$$

此处 (ξ,η) 是 $\square PP_1P_3P_2$ 内一点,当此 $\square PP_1P_3P_2$ 很小时,即 $\square MM_1M_3M_2$ 很小时,

$$f(\xi,\eta) \approx f(x(u,v),y(u,v))$$

再看 $\square PP_1P_3P_2$ 之面积是什么.

$\overset{\frown}{PP_1}$ 相应于 $\overrightarrow{MM_1}$,其上动点 $(x(u,v),y(u,v))$ 中 v 不变只是 u 变,从 u 变到 $u+\Delta u$,我们称它为一条 u-曲线. $\overset{\frown}{PP_1}$ 上任一点处 x'_u,y'_u 都连续且不同时为 0,否则

$$\begin{vmatrix} x'_u & y'_u \\ x'_v & y'_v \end{vmatrix}=0$$

所以 $\overset{\frown}{PP_1}$ 是光滑曲线. $\overset{\frown}{PP_1}$ 上任一点都有切线向量 $x'_u\vec{i}+y'_u\vec{j}$,这些切线向量之方向几乎不变,因为 x'_u,y'_u 几乎不变. 所以 $\overset{\frown}{PP_1}$ 几乎是直线段 $\overline{PP_1}$. 同理,$\overset{\frown}{P_2P_3}$ 也是光滑曲线,其上任一点都有切线向量 $x'_u\vec{i}+y'_u\vec{j}$,这些切线向量的方向也几乎不变,所以 $\overset{\frown}{P_2P_3}$ 也几乎是直线段 $\overline{P_2P_3}$,并且 $\overset{\frown}{PP_1}$ 上任一点的切线向量 $x'_u\vec{i}+y'_u\vec{j}$ 与 $\overset{\frown}{P_2P_3}$ 上任一点的切线向量 $x'_u\vec{i}+y'_u\vec{j}$ 也几乎一样(由于 $\overset{\frown}{PP_1}$ 上任一点与 $\overset{\frown}{P_2P_3}$ 上任一点所相应的 (u,v) 几乎一样),亦即 $\overset{\frown}{PP_1}$ 与 $\overset{\frown}{P_2P_3}$ 几乎是平行的直线段. 同理,$\overset{\frown}{PP_2}$ 与 $\overset{\frown}{P_1P_2}$ 也几乎是平行的直线段. 所以 $\square PP_1P_3P_2$ 几乎是一个平行四边形.

$\square PP_1P_3P_2$ 面积 $\approx |\overrightarrow{PP_1}\times\overrightarrow{PP_2}|=$

$$[(x_1-x)\vec{i}+(y_1-y)\vec{j}][(x_2-x_1)\vec{i}+(y_2-)\vec{j}]=$$

$$\begin{vmatrix} x_1-x & y_1-y \\ x_2-x & y_2-y \end{vmatrix} \approx \begin{vmatrix} x'_u(u,v)\Delta u & y'_u(u,v)\Delta u \\ x'_v(u,v)\Delta v & y'_v(u,v)\Delta v \end{vmatrix}=$$

$$|J|\,(\square MM_1M_3M_2 \text{ 之面积})=|J|\,\mathrm{d}\Omega_{uv}$$

它也是 $\square MM_1M_3M_2$ 越小越精确,所以

$$U(\mathrm{d}\Omega_{uv})=\int_{\square PP_1P_3P_2} f(x,y)\mathrm{d}\Omega_{xy} \approx f(x(u,v),y(u,v))\,|J|\,\mathrm{d}\Omega_{uv}$$

也是越小越精确,故 $f(x(u,v),y(u,v))\,|J|\,\mathrm{d}\Omega_{uv}$ 就是 U 的微元.

因此，U 的总值

$$U(\Omega_{uv}) = \int_{\Omega_{xy}} f(x,y)\,\mathrm{d}\Omega_{xy} = \int_{\Omega_{uv}} f(x(u,v),g(u,v)) \mid J \mid \mathrm{d}\Omega_{uv}$$

这种讲法和一般教材的讲法虽然都不很严密，但这种讲法，不造成概念错误.

80. 在光滑曲面上对投影的曲面积分（Ⅱ型曲面积分）

设 Σ 为一光滑曲面，指定好它的一侧，$P(x,y,z)$ 为在 Σ 上连续或分片连续的函数，我们先作下列特定和式：

（1）将 Σ 分成 n 块小曲面，$\Delta\Sigma_1, \Delta\Sigma_2, \cdots, \Delta\Sigma_n$（要求 $n \to +\infty$ 时，各 $\Delta\Sigma_i$ 之最大直径趋近于 0）

（2）在各 $\Delta\Sigma_i$ 中任取计值点 (ξ_i, η_i, ζ_i) $(i = 1,2,\cdots,n)$

（3）作成和式 $\sum\limits_{i=1}^{n} P(\xi_i, \eta_i, \zeta_i)(\Delta\Omega_{yz})_i$

此处 $(\Delta\Omega_{yz})_i$ 是 $\Delta\Sigma_i$ 在 yz 平面上之计侧投影面积.

$$(\Delta\Omega_{yz})_i = \Delta\Sigma_i \cos(\vec{n}, \vec{i}) =$$

$$\begin{cases} +\Delta\Sigma_i \text{ 在 } yz \text{ 平面上之投影面积，当}(\vec{n}, \vec{i}) \leqslant \dfrac{\pi}{2} \\[2mm] -\Delta\Sigma_i \text{ 在 } yz \text{ 平面上之投影面积，当}(\vec{u}, \vec{i}) > \dfrac{\pi}{2} \end{cases}$$

其中之 $\Delta\Sigma_i$ 表示 $\Delta\Sigma_i$ 之面积，$\vec{n}$ 表示 Σ 之指定侧在 (ξ_i, η_i, ζ_i) 处之法线向量.

再取此特定和式，当 $n \to +\infty$ 时之极限，得

$$\lim_{n \to +\infty} \sum_{i=1}^{n} P(\xi_i, \eta_i, \zeta_i)(\Delta\Omega_{yz})_i$$

它就叫 $P(x,y,z)$ 在曲面 Σ 指定侧上，对 yz 平面投影之曲面积分，记作 $\displaystyle\int_{\Sigma} P(x,y,z)\,\mathrm{d}\Omega_{yz}$，它其实就是 $\displaystyle\int_{\Sigma} P(x,y,z)\cos(\vec{n}, \vec{i})\,\mathrm{d}\Sigma$.

可以证明此特定和式之极限存在且与曲面之分法及计值点之取法无关. 同理，可以定义

$$\int_\Sigma P(x,y,z)\mathrm{d}\Omega_{zx},它其实就是\int_\Sigma P(x,y,z)\cos(\vec{n},\vec{j})\mathrm{d}\Sigma;$$

$$\int_\Sigma P(x,y,z)\mathrm{d}\Omega_{xy},它其实就是\int_\Sigma P(x,y,z)\cos(\vec{n},\vec{k})\mathrm{d}\Sigma.$$

对投影之曲面积分其实就是对面积之曲面积分（Ⅰ 型曲面积分），不过被积函数多乘了一个方向因子. 由对面积之曲面积分之性质立即可知,对投影之曲面积分有下列性质:① 齐次性;② 可和性;③ 可加性;④ 有向性(即曲面之指定侧,换成相反之侧时,曲面积分之值要变号). 并且还可得出对投影之曲面积分的计算方法.

81. 光滑曲面 Σ 的参数方程给定时,如何计算 Ⅱ 型曲面积分?

设

$$\begin{cases} x=x(u,v) \\ y=y(u,v) \\ z=z(u,v) \end{cases}$$

确定在 Ω 上,指定侧为自然侧,则可按下列公式来计算 Ⅱ 型曲面积分.

$$\int_\Sigma P(x,y,z)\mathrm{d}\Omega_{yz}=\int_\Omega P(x(u,v),y(u,v),z(u,v))\begin{vmatrix} y'_u & z'_u \\ y'_v & z'_v \end{vmatrix}\mathrm{d}\Omega$$

$$\int_\Sigma P(x,y,z)\mathrm{d}\Omega_{zx}=\int_\Omega P(x(u,v),y(u,v),z(u,v))\begin{vmatrix} z'_u & x'_u \\ z'_v & x'_v \end{vmatrix}\mathrm{d}\Omega$$

$$\int_\Sigma P(x,y,z)\mathrm{d}\Omega_{xy}=\int_\Omega P(x(u,v),y(u,v),z(u,v))\begin{vmatrix} x'_u & y'_u \\ x'_v & y'_v \end{vmatrix}\mathrm{d}\Omega$$

这只要利用 Ⅱ 型曲面积分与 Ⅰ 型曲面积分的关系,再用 Ⅰ 型曲面积分的计算公式即可得到.

82. 在分片光滑曲面上对投影的曲面积分

要谈这个问题,首先得谈一下如何指定分片光滑曲面之侧.

指定分片光滑曲面之侧,就是指定组成这个曲面的所有光滑曲面之侧.要求指定起来,能使相邻曲面边界之正向在公共部分有相反的方向(见图 32).能这样指定侧的分片光滑曲面称为能定侧的.

图　32

例如,作为某个区域表面的分片光滑曲面是能定侧的;在能定侧的分片光滑曲面中任取一部分分片光滑曲面也是能定侧的;把一个光滑曲面看做由几片光滑曲面拼起来的特殊分片光滑曲面也是能定侧的.然而,并非所有分片光滑曲面都是能定侧的,在高等数学里,只讨论能定侧的分片光滑曲面.

将能定侧的分片光滑曲面指定好侧之后,函数在其上对投影之曲面积分,就等于函数在组成这个分片光滑曲面的各个光滑曲面对投影的曲面积分之和.显然,函数在可定侧的分片光滑曲面上对投影的曲面积分也具有齐次性、可和性、可加性及有向性.

83. Möbius 带是单侧光滑曲面吗?

把两条同样的纸条的其中一条扭转一下,再和另一条黏成一个圈,就得到一个所谓 Möbius 带的图形,如图 33 所示.

它是一个不可定侧的分片光滑曲面,因为它是分片光滑的曲面,而却是不可定侧的,许多不小心的作者往往误以为它是光滑曲面,它只是单侧而已.这就在概念上犯了个大错误,因为数学里,光滑

图　33

曲面有它的定义,Möbius 带能符合定义吗? 若符合,它就是双侧的了.

84. 常规分段光滑曲线及一个有关引理

常规分段光滑曲线的概念是我首先提出来的,它在曲线、曲面积分理论中都很重要。

定义:若 xy 平面上一条简单的分段光滑的曲线,组成它的光滑曲线段都只有有限多次凹、凸性改变(即曲线方向角的增、减性改变),则称此分段光滑曲线为常规分段光滑的.

首先,常规分段光滑曲线有一重要引理:

若 xy 平面上一个有界闭区域 Ω 的一条边界线 l 是常规分段光滑的,则 l 不能无限次盘旋,且只能有有限多个水平线段及有限多个极高、极低点.

证 l 的任一光滑弧段 L,不能无限次盘旋,否则 L 之方向角有无限多次改变,L 也只能有有限多个水平线段,因为两个水平线段间曲线的方向角至少有一次增、减性变化,如图 34(a) 所示;或者它是从 $0°$ 增、减几次后再为 $0°$,如图 34(b)(c) 所示(减、增几次也这样);L 只能有有限多个极高、极低点,因为极高、极低点之间,曲线方向角至少有一次增、减性变化,如图 34(d) 所示.

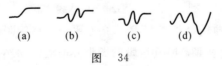

(a)   (b)   (c)   (d)

图   34

但 l 是由有很多个光滑弧段所组成的,故 l 也不会发生无限次盘旋,且也只有有限多个水平线段和有限多个极高、极低点,同理可证 l 也只有有限多个铅垂线段及极左、极右点.

85. xy 平面上无洞有界闭区域 Ω 可分为有限多个 双型区域的充要条件

这里的双型区域指的是既可以表示为 $\{(x,y) \mid \varphi_1(x) \leqslant y \leqslant \varphi_2(x), a \leqslant x \leqslant b,$ 且 $\varphi_1(x), \varphi_2(x)$ 为无凹、凸变化的光滑函数$\}$，又可以表示为 $\{(x,y) \mid \psi_1(y) \leqslant x \leqslant \psi_2(y), c \leqslant y \leqslant d,$ 且 $\psi_1(y), \psi_2(y)$ 为无凹、凸变化的函数$\}$. 标题中的充要条件就是 Ω 的边界线是常规分段光滑曲线.

证 充分性之证明，只要将 Ω 具体分成有限个双型小区域就可以了.

过 Ω 的角点，作水平直线及铅垂直线；过 Ω 的水平线段及铅垂线段之端点作铅垂直线及水平直线；过 Ω 的极高、极低点及极左、极右点分别作水平直线及铅垂直线，即可得图 35.

这有限多条直线将 Ω 分成了有限多个小矩形及有缺损的小矩形，这些有缺损的小矩形的缺损边都是没有极高、极低点及极左、极右点的斜坡形光滑曲线. 这有限多个小矩形及有缺损的小矩形都是双型区域（既是 x 型又是 y 型的区域），Ω 就被分成了有限多个双型区域了.

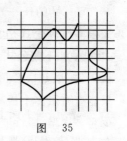

图　35

再看条件必要性之证明. 设 Ω 的边界线 l 非常规分段光滑曲线，则 l 有无限多条水平线段或无限多个极高、极低点；或者 l 有无限多条铅垂线段或无限多个极左、极右点.

在第一种情形下，Ω 不能分为有限多个 y 型区域；

在第二种情形下，Ω 不能分为有限多个 x 型区域.

因为就第一种情形来说，如 l 含无限多条水平线段，则不管如何将 Ω 分成 y 型区域后，l 的每条水平线段必是一个或几个 y 型区域的边界线,即每条水平线段都至少相应一个 y 型区域,并且各条水平线段所相应的 y 型区域各不相同,所以有无限多条水平线段就必有无限多个相应的 y 型区域,Ω 分成的就不是有限多个 y 型区域.

如 l 有无限多个极高、极低点,则由于 l 只有有限多条水平线段,l 就有无限多个相继的升弧及降弧. 它们成为 Ω 无限多个凹齿和凸齿的边界线,将 Ω 不管如何分成 y 型区域后,每个凸齿的边界线总是一个或几个 y 型区域的边界线,并且不同的凸齿相应的 y 型区域各不相同,所以,有无限多个凸齿就会有无限多个相应的 y 型区域,Ω 分成的就不是有限多个 y 型区域.

对第二种情形,可同样地证明.

这定理可推广至 Ω 有洞的情形,只要 Ω 的每条边界都常规分段光滑就行.

86. Green 公式成立的简洁条件

Green 公式是 Green 于 1837 年提出来的一个很有用的公式. 它指的是如下的公式:

$$\int_{\Omega} \left(\frac{\partial Q}{\partial x} - \frac{\partial P}{\partial y} \right) d\Omega = \int_{\partial \Omega} P \, dx + Q dy$$

此处 Ω 为 xy 平面上的一个有界闭区域,$\partial \Omega$ 是它的边界,方向是 Ω 上侧之正向. P, Q 都是在 Ω 上连续的 x,y 的函数,而 $\frac{\partial P}{\partial y}$,$\frac{\partial Q}{\partial x}$ 是它们的偏导数,也在 Ω 上连续.

这个公式和 N-L 公式很类似,也是通过边界值来表示一个 Ω 上的积分的. 这个公式成立是要求条件的,教材中把这种条件搞得很复杂,除了要求 $P, -\frac{\partial P}{\partial y}$ 及 $Q, \frac{\partial Q}{\partial x}$ 都在 Ω 上连续外,还要求 Ω 能分为有限个双型区域. 这最后一个条件是最麻烦、最令人头痛的条件,怎么来检查呢? 现在我们有了 Ω 可分为有限个双型区域的充要条件,就可把最后一个条件换得非常简洁,即若 Ω 为 xy 平面上的一个有界闭区域(可以有洞),$\partial\Omega$ 是 Ω 的边界,方向是 Ω 上侧之正向,$P,-\dfrac{\partial P}{\partial y}$ 及 $Q,\dfrac{\partial Q}{\partial x}$ 都在 Ω 上连续,且 Ω 的边界线都是常规分段光滑的,则 Green 公式就成立.

证 将 Ω 分为一些双型区域,每个双型区域 Ω^* 总是 $\{(x,y)\mid\varphi_1(x)\leqslant y\leqslant\varphi_2(x),a\leqslant x\leqslant b\}$ 的形式,于是

$$\int_{\Omega^*}\frac{\partial P}{\partial y}\mathrm{d}\Omega=\int_a^b\left[\int_{\varphi_1(x)}^{\varphi_2(x)}\frac{\partial P}{\partial y}\mathrm{d}y\right]\mathrm{d}x=$$

$$\int_a^b[P(x,\varphi_2(x))-P(x,\varphi_1(x))]\mathrm{d}x=$$

$$\int_a^b P(x,\varphi_2(x))\mathrm{d}x-\int_a^b P(x,\varphi_1(x))\mathrm{d}x=$$

$$-\int_{\partial\Omega^*}P\,\mathrm{d}x$$

将这些双型区域上得到的式子都加起来,左边是 $\displaystyle\int_\Omega\frac{\partial P}{\partial y}\mathrm{d}\Omega$;右边是 $-\displaystyle\int_{\partial\Omega}P\,\mathrm{d}x$,因为沿所有小区域的边界线(除了是在 $\partial\Omega$ 上的部分)的积分都正、负抵消了. 所以就得到

$$\int_\Omega\frac{\partial P}{\partial y}\mathrm{d}\Omega=-\int_{\partial\Omega}P\,\mathrm{d}x$$

同理可证

$$\int_\Omega\frac{\partial Q}{\partial x}=\int_{\partial\Omega}Q\,\mathrm{d}y$$

所以

$$\int_\Omega\left(\frac{\partial Q}{\partial x}-\frac{\partial P}{\partial y}\right)\mathrm{d}\Omega=\int_{\partial\Omega}P\,\mathrm{d}x+Q\,\mathrm{d}y$$

Green 公式是 Stokes 公式的一个特例. Green 公式除了要使公式有意义的条件外,还要再加条件才能成立,Stokes 公式当然更应如此.

我曾写了一篇文章论述了 Stokes 公式成立之条件及充要条件，这种条件也和常规分段光滑曲线有关. 因为文章太长，这里就不说了，有兴趣的读者，请看我写的数学论文集.

87. 为什么"绝对收敛级数之和与级数项的排列无关"是一个有用的性质？

绝对收敛级数之和与级数项之排列无关，而条件收敛级数之和就与级数项之排列有关，请看下面的例子：

$$1 + \frac{1}{3} + \frac{1}{5} + \frac{1}{7} + \cdots$$

是一个正项发散级数.

我们将它的项逐段括起来，使第 1 段括起来的项之和大于或等于 $\frac{1}{2} + \frac{1}{2}$；使第 2 段括起来的项之和大于或等于 $\frac{1}{2} + \frac{1}{4}$，使第 3 段括起来的项之和大于或等于 $\frac{1}{2} + \frac{1}{6}$，$\cdots$

这样括是可以做到的，因为原正项级数发散，使第 1 段括起来的项之和大于 $\frac{1}{2} + \frac{1}{2}$；因为除去第 1 段括起来的项，剩下来的还是一个发散级数，使原级数之第 2 段括起来的项之和大于 $\frac{1}{2} + \frac{1}{4}$；因为除去前两段括起来的项，剩下来的还是一个发散级数，使原级数之第 3 段括起来的项之和大于 $\frac{1}{2} + \frac{1}{6}$，$\cdots$

将各段括起来的项之间，顺次插入 $-\frac{1}{2}$，$-\frac{1}{4}$，$-\frac{1}{6}$，$\cdots$ 再将括号去掉，就得

$$1 - \frac{1}{2} + \frac{1}{3} + \frac{1}{5} + \frac{1}{9} - \frac{1}{4} + \frac{1}{9} + \frac{1}{11} + \frac{1}{13} + \frac{1}{15} + \frac{1}{17} - \frac{1}{6} + \cdots$$

这个极数的部分和是无界的，因为只要部分和之项包括 m 项括起来

的项,部分和就会大于 $\frac{1}{2}m$,所以此新级数发散,但它是条件收敛级数

$$1 - \frac{1}{2} + \frac{1}{3} - \frac{1}{4} + \frac{1}{5} - \frac{1}{6} + \cdots$$

的项重新排序而成的,条件收敛级数之和原是 $\ln 2$,项重排后之新级数之和成了 $+\infty$(Riemann 还能重排出和为任何数的级数).

因此,对无穷多个正数,只要它们可以排成一个系列,而按此系列相加之和存在,为 s,则不管将这些数排成另外什么形式的系列而求和,这和还是 s. 所以,可以将 s 叫做这无穷多个正数之和. 对于有正、有负的无穷多个数就不能这样说. 只有它们绝对收敛时,才可以不问它们的排列次序.

88. 有没有函数在 0 处的 Taylor 级数为 $\sum\limits_{n=0}^{+\infty} 0 x^n$,而函数在 $N^0(0)$ 上不等于 0?

这样的函数是有的,Cauchy 曾举了个例子.

$$f(x) = \begin{cases} 0, & x = 0 \\ e^{-x^{-2}}, & x \neq 0 \end{cases}$$

就是这样的函数. $f(0) = 0$ 是已给的. 再由 $x \neq 0$ 时,$f'(x) = e^{-x^{-2}} 2x^{-3}$,可得

$$f'(0) = \lim_{x \to 0} \frac{f(0+x) - f(0)}{x} = \lim_{x \to 0} f'(x) = 0$$

又再由 $x \neq 0$ 时,$f''(x) = e^{-x^{-2}}(2x^{-3})^2 + e^{-x^{-2}}(-6x^{-4})$,可得

$$f''(0) = \lim_{x \to 0} \frac{f'(0+x) - f'(0)}{x} = \lim_{x \to 0} f''(x) = 0$$

按照这样做下去,就可得出各 $f^{(n)}(x)$ 及各 $f^{(n)}(0) = 0$.

因此,这个函数在 $N(0)$ 上不能展开成 x 的幂级数,因为如在 $N(0)$ 上能展成幂级数,其和必是 0,而 $f(x)$ 当 $x \neq 0$ 时,$f(x) = e^{-x^2} \neq 0$. 我们称它在 0 处不解析. 一般地,若函数在 $N(x_0)$ 上不能展

开成$(x-x_0)$的幂级数,则我们称此函数在x_0处不解析.若函数在开区间的每个点x_0处,都能展成$(x-x_0)$的幂级数,则称函数在此开区间上解析.这个例子也说明了函数在一点有任何阶导数,但函数在此点却不解析.

89. 函数项级数的一致收敛性为什么都要通过定理来判定?

一致收敛是研究函数项级数之和函数之解析性质的一个很重要的概念,但是一般教材中,对这个概念剖析得不够清楚,以致成了一个难点.我是这样讲的,先从正面建立一致收敛概念.

若函数项级数$u_1(x)+u_2(x)+\cdots+u_n(x)+\cdots$满足以下两个条件:

(1)$u_1(x)+u_2(x)+\cdots+u_n(x)+\cdots$在$\langle a,b\rangle$上每一点都收敛,其和函数为$s(x)$;

(2)对任$\varepsilon>0$,总存在一个N,当$n>N$时

$|s(x)-(u_1(x)+\cdots+u_n(x))|<\varepsilon,\quad \forall x\in\langle a,b\rangle$

则称$u_1(x)+u_2(x)+\cdots+u_n(x)+\cdots$在$\langle a,b\rangle$上一致收敛(见图36).

由于和函数$s(x)$及部分和函数$s_n(x)=u_1(x)+\cdots+u_n(x)$通常没有简洁的表达式,使得$s(x)$与$s_n(x)$之差也没有简洁的表达式.因此,很难直接从定义来验证一致收敛性,而都是用定理来判定.通常的判定定理有Cauchy定理,Weiersdrass定理等.等讲了函数项级数和函数的解析性质后,再提一下反例就容易多了.

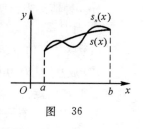

图　36

90. 为什么幂级数都有收敛半径 R?

这个问题得从幂级数的一个特性谈起.

Abel 引理　若幂级数 $a_0+a_1x+\cdots+a_nx^n+\cdots$ 在 x_0 处收敛，则对所有绝对值小于 $|x_0|$ 的 x，此幂级数绝对收敛.

证　考虑 $|a_0|+|a_1x_1|+\cdots+|a_nx^n|+\cdots$，它可改写成

$$|a_0|+|a_1x_0|\frac{|x|}{|x_0|}+\cdots+|a_nx_0|^n\frac{|x|^n}{|x_0|^n}+\cdots=$$

$$|a_0|+|a_1x_0|k+\cdots+|a_nx_0|^nk^n+\cdots$$

$$（此处 k=\frac{|x|}{|x_0|}<1）\tag{1}$$

现在 $a_0+a_1x_0+\cdots+a_nx_0^n+\cdots$ 收敛. 故其公项 $a_nx^n\to0$，所以对某数 N，当 $n>N$ 时，

$$|a_nx_0^n-0|=|a_nx_0|^n<1$$

令 $|a_0|,|a_1x_0|,\cdots,|a_Nx_0^N|$ 中之最大者为 M. 于是

$$|a_0|,|a_1x_0|,\cdots,|a_Nx_0|^n,\cdots<M+1$$

于是 $(M+1)+(M+1)k+\cdots+(M+1)k^n+\cdots$ 是式(1)的强级数.

从而式(1)收敛，故由比较法知原级数绝对收敛.

令 $R=\sup\{|x_0||x_0$ 使幂级数收敛$\}$，则 R 有以下性质：

(1) 对绝对值小于 R 的 x，幂级数绝对收敛.

(2) 对绝对值大于 R 的 x，幂级数发散.

分 3 种情形来说明.

① 如 $R=0$.

(1) 只是一句空话，因为没有绝对值小于 R 的 x.

(2) 成立，是因为不能有绝对值大于 $R=0$ 的 x 使幂级数收敛，否则有悖于 R 的定义.

② 如 $R=$ 一有限数 >0，则

(1) 成立，因为 $|x|<R$ 必有某 $|x_0|>|x|$，故 x 使幂级数绝对收敛（Abel 引理）.

(2) 成立，理由同情形 ① 的说明.

③ 如 $R=+\infty$.

(1) 成立理由同情形 ② 中的说明.

（2）成立，因为没有绝对值大于 $+\infty$ 的 x，这只是一句空话。这种 R 就称为幂级数的收敛半径，$|x|<R$ 就称为幂级数的收敛区间。

91. 为什么把 $|x|<R$ 叫收敛区间，而不把收敛域叫收敛区间？

幂级数的许多性质都是就 $|x|<R$ 而言的，不是要求出收敛域才可讨论，要求出收敛域讨论就不方便，尤其是对 x 为复变数时更是如此。

92. Cauchy 乘积是怎么想出来的？

从两个幂级数看很好理解。若两个幂级数

$$a_0+a_1x+\cdots+a_nx^n+\cdots,\quad b_0+b_1x+\cdots+b_nx^n+\cdots$$

在它们的收敛区间内部的公共部分可以像两个多项式那样相乘起来，即得

$$(a_0+a_1x+\cdots a_nx_n+\cdots)(b_0+b_1x+\cdots+b_nx^n+\cdots)=$$
$$a_0b_0+(a_0b_1+a_1b_0)x+(a_0b_2+a_1b_1+a_2b_0)x^2+\cdots+$$
$$(a_0b_n+a_1b_{n-1}+\cdots+a_nb_0)x^n+\cdots$$

如 $x=1$ 在此公共部分之内，则有

$$(a_0+a_1+\cdots+a_n+\cdots)(b_0+b_1+\cdots+b_n+\cdots)=$$
$$a_0b_0+(a_0b_1+a_1b_0)+(a_0b_2+a_1b_1+a_2b_0)+\cdots \qquad (1)$$

式（1）对两个绝对收敛的级数来说是成立的，这在教科书中都有证明。但对两个条件收敛的级数来说不能成立。

例如，

$$(1+x)^{-\frac{1}{2}}=1-\frac{1}{2}x+\frac{1\times3}{2^2}x^2-\frac{1\times3\times5}{2^3}x^3+\cdots$$

当 $|x|<1$，右端级数绝对收敛。

故

$$\left(1 - \frac{1}{2}x + \frac{1 \times 3}{2^2}x^2 - \frac{1 \times 3 \times 5}{2^3}x^3 + \cdots\right)$$

$$\left(1 - \frac{1}{2}x + \frac{1 \times 3}{2^2}x^2 - \frac{1 \times 3 \times 5}{2^3}x^3 + \cdots\right) =$$

$$(1 + x)^{-\frac{1}{2}}(1 + x)^{-\frac{1}{2}} = (1 + x)^{-1}$$

由幂级数展开是唯一的,可知

$$\left(1 - \frac{1}{2}x + \frac{1 \times 3}{2^2}x^2 - \frac{1 \times 3 \times 5}{2^3}x^3 + \cdots\right)$$

$$\left(1 - \frac{1}{2}x + \frac{1 \times 3 \times 5}{2^2}x^2 - \frac{1 \times 3 \times 5}{2^3}x^3 + \cdots\right) =$$

$$1 - x + x^2 - x^3 + \cdots \quad (\mid x \mid < 1)$$

然而当 $x = 1$ 时,有

$$\left(1 - \frac{1}{2} + \frac{1 \times 3}{2^2} - \frac{1 \times 3 \times 5}{2^3} + \cdots\right)$$

$$\left(1 - \frac{1}{2} + \frac{1 \times 3}{2^2} - \frac{1 \times 3 \times 5}{2^3} + \cdots\right) \neq$$

$$1 - 1 + 1 - 1 + \cdots$$

即使 $1 - \frac{1}{2} + \frac{1 \times 3}{2^2} - \frac{1 \times 3 \times 5}{2^3} - \cdots$ 是条件收敛的. 这也就是说,两个条件收敛的级数,不能用 Cauchy 乘积求它们相乘之积.

93. Kummer 定理

一个条件收敛、一个绝对收敛的级数却一定是它们的 Cauchy 乘积,这就叫 Kummer 定理. 在浩渺如海的级数文献中是很不容易找到这个定理的. 这是 1952 年时,孙增光老师给我们介绍的,当时我们少数几个青年教师新参加工作,都热情地希望提高自己的水平,组织了一个读书报告班,请孙老师指导,这是他在报告班上讲的一个题目. 我也用了一个下午时间报告了一本有几十页的叫"Galois

Theory"的小册子,此后不用,都逐渐遗忘了,光阴过得真快.

94. 为什么 Fourier 级数展开主要只讨论在 $[-\pi, \pi]$ 上确定的函数?

Fourier 级数是 19 世纪法国数学家 Fourier 在解决一段金属杆上的传热问题,首先提出来要把在某个区间上确定的函数展开成各种三角函数项的级数而得名的. 所以讨论在区间上确定的函数之 Fourier 级数展开有其历史渊源,讨论在 $[-\pi, \pi]$ 上确定的函数,这是找了一个简单的典型代表,把这种函数的展开问题解决好了,其他一些问题,如在 $[-l, l]$ 上确定的函数展开成周期为 $2l$ 的三角级数,在 $[0, l]$ 上确定的函数展开成周期为正弦三角级数或余弦三角级数的问题,在 $(-\infty, +\infty)$ 上确定的以 $2l$ 为周期的函数展开为以 $2l$ 为周期的三角级数等问题都可迎刃而解.

95. Fourier 级数展开的两个主要的定理

Dirichler 定理 若 $f(x)$ 在 $[-\pi, \pi]$ 上分段连续,且只有有限多个严格极值点,则 $f(x)$ 在 $[-\pi, \pi]$ 上几乎处处都等于其 Fourier 级数之和,仅有的例外点是 $\pm\pi$ 及 $f(x)$ 之间断点.

当 $x = \pm\pi$ 时,Fourier 级数之和为

$$\frac{f(-\pi + 0) + f(\pi - 0)}{2}$$

当 $x = x_0$(x_0 为间断点)时,Fourier 级数之和为

$$\frac{f(x_0 - 0) + f(x_0 - 0)}{2}$$

它们通常与 $f(\pm\pi)$ 及 $f(x_0)$ 不同.

Dini 定理 若 $f(x)$ 在 $[-\pi, \pi]$ 上分段连续,且导数也分段连续,则 $f(x)$ 在 $[-\pi, \pi]$ 上几乎处处都等于其 Fourier 级数之和,仅有

的例外点是 $\pm\pi$ 及 $f(x)$ 之间断点.

当 $x=\pm\pi$ 时,Fourier 级数之和为

$$\frac{f(-\pi+0)+f(\pi-0)}{2}$$

当 $x=x_0(x_0$ 为间断点$)$ 时,Fourier 级数之和为

$$\frac{f(x_0-0)+f(x_0+0)}{2}$$

它们通常与 $f(\pm\pi)$ 及 $f(x_0)$ 不同.

这两个定理的证明都十分复杂,一般的教材上都将它们略去了.唯有一点需要提一下的,就是有些教材讲极值点是古典意义下的极值点,即严格极值点,所以它在讲 Dirichler 定理时,只说 $f(x)$ 只有有限多个极值点,而不说只有有限多个严格极值点.采用近代极值点定义,在这定理中一定要在极值点前加上"严格"二字.

96. 近代 Fourier 级数展开理论是空间向量分解的推广

在 Fourier 级数展开的古典理论中,我们利用

$$1,\cos x,\sin x,\cdots,\cos nx,\sin nx,\cdots$$

这一系列函数的相互正交性,即这一系列函数中任何两个不同函数之乘积在 $[-\pi,\pi]$ 上的积分为 0,并且我们有计算 Fourier 级数

$$\frac{1}{2}a_0+a_1\cos x+b_1\sin x+\cdots+a_n\cos nx+b_n\sin nx+\cdots$$

的系数公式.

$$\frac{1}{2}a_0=\frac{\int_{-\pi}^{\pi}f(x)\cdot 1\,\mathrm{d}x}{\int_{-\pi}^{\pi}1^2\,\mathrm{d}x},\quad a_n=\frac{\int_{-\pi}^{\pi}f(x)\cos nx\,\mathrm{d}x}{\int_{-\pi}^{\pi}\cos^2 nx\,\mathrm{d}x}$$

$$b_n=\frac{\int_{-\pi}^{\pi}f(x)\sin nx\,\mathrm{d}x}{\int_{-\pi}^{\pi}\sin^2 nx\,\mathrm{d}x}$$

这些和同学们熟知的空间 E_3 中的向量 $\vec{i},\vec{j},\vec{k}$ 是相互正交的,即这些向量中任何两个不同的点乘积(内积)都等于 0. 并且若 E_3 中的向量 $\vec{a}=a_1\vec{i}+a_2\vec{j}+a_3\vec{k}$,则有计算系数的公式

$$a_1=\frac{\vec{a}\cdot\vec{i}}{\vec{i}\cdot\vec{i}},\quad a_2=\frac{\vec{a}\cdot\vec{j}}{\vec{j}\cdot\vec{j}},\quad a_3=\frac{\vec{a}\cdot\vec{k}}{\vec{k}\cdot\vec{k}}$$

都十分类似(只要我们把两个函数之乘积在 $[-\pi,\pi]$ 上的积分看成这两个函数之内积).

近代 Fourier 级数展开理论,就是把 $[-\pi,\pi]$ 上平方可积的函数看做一个所谓 Hilberr 空间的"向量"来分解,这里的 Hilberr 空间 H,可以看做普通 Euclid 空间 E 的推广,它除在代数结构上保持为内积空间外,还保持了 Cauchy 定理也能成立的解析特性.

近代 Fourier 理论得出的一个最漂亮的结果就是:若 $u_1(x)$,$u_2(x),\cdots,u_2(x),\cdots$ 为由所有平方可积函数所组成的 Hilberr 空间 H 里的一个完全的正交系(即与这一系列函数都正交的平方可积函数都正交的只有 0 函数),则任何平方可积函数 $f(x)$ 一定可以展开为

$$f(x)=f_1u_1(x)+f_2u_2(x)+\cdots+f_uu_u(x)+\cdots$$

其中
$$f_n=\frac{\langle f(x),u_n(x)\rangle}{\langle u_n(x),u_n(x)\rangle}\quad(n=1,2,\cdots)$$

不过这里的可积是在 Lebesgue 意义下的可积.

$f(x)=f_1u_1(x)+f_2u_2(x)+\cdots+f_nu_n(x)+\cdots$ 指的是
$$\|s_n(x)-f(x)\|\to 0$$
即
$$\sqrt{\langle s_n(x)-f(x),s_n(x)-f(x)\rangle}\to 0$$

有心的同学可以看出,$u_1(x),u_2(x),\cdots,u_n(x),\cdots$ 在 H 中完全正交,和 $\vec{i},\vec{j},\vec{k}$ 在 E_3 中是完全正交系是类似的. 把 $s_n(x)\to f(x)$ 当成是 $\|s_n(x)-f(x)\|\to 0$ 和 E_3 中 $\vec{a_n}\to\vec{f}$,即 $\|\vec{a_n}-\vec{f}\|\to 0$ 也是类似的. 希望进一步深入了解的读者,可学些 Lebesgue 积分和泛函分析.

97. 最好学点 Lebesgue 积分

Lebesgue 积分是 20 世纪数学的一个杰出成就,它在各现代数学学科中,几乎都有用,不学 Lebesgue 积分就无法进入现代数学的殿堂,也无法领会广泛应用现代数学的现代科技知识. 有志于攀登科学高峰的青年一定要学些 Lebesgue 积分. 20 世纪 80 年代,我给教学改革试点班讲高等数学,要用英语讲,我就自己写了一本英文教材,用的学时与普通班一样,讲的理论都很严谨. 其中积分理论就是讲的 Lebesgue 积分. 我退休后,由我的学生王林教授(当时还不是教授)继续讲了 1 ~ 2 年,后来就人去楼空了,很可惜.

前几天,偶然翻到一份旧稿纸,其中讲到 Lebesgue 积分在处理高等数学中的一些问题时也很方便,今举一例.

20 世纪 80 年代,我审查一篇稿子,作者说,由于积分中值定理中的 ξ 是位于积分区间内部的(这是对的,可以用微积分基本定理,再用 Legrange 中值定理证得). 因此,它可以用来证明 $\lim\limits_{n \to +\infty} \int_0^{\frac{\pi}{2}} \sin^n x \, \mathrm{d}x = 0$. 因为,由积分中值定理,

$$\int_0^{\frac{\pi}{2}} \sin^n x \, \mathrm{d}x = \frac{\pi}{2} \sin^n \xi, \quad \xi \in \left(0, \frac{\pi}{2}\right)$$

所以,$0 < \sin \xi < 1$. 因而当 $n \to +\infty$ 时,$\frac{\pi}{2} \sin^n \xi \to 0$. 这就错了. 因为此题中之 ξ 还与 n 有关,应记为 ξ_n,虽然 $\xi \in \left(0, \frac{\pi}{2}\right)$,但当 $n \to +\infty$ 时,还是可以有 $\xi_n \to \frac{\pi}{2}$,从而可能使 $\frac{\pi}{2} \sin^n \xi \to \frac{\pi}{2}$.

正确的做法如下:对任一正数 ε

$$0 \leqslant \int^{\frac{\pi}{2}} \sin^n x \, \mathrm{d}x = \int_0^{\frac{\pi}{2} - \frac{\varepsilon}{2}} \sin^n x \, \mathrm{d}x + \int_{\frac{\pi}{2} - \frac{\varepsilon}{2}}^{\frac{\pi}{2}} \sin^n x \, \mathrm{d}x <$$

$$\int_0^{\frac{\pi}{2} - \frac{\varepsilon}{2}} \sin^n \left(\frac{\pi}{2} - \frac{\varepsilon}{2}\right) \mathrm{d}x + \int_{\frac{\pi}{2} - \frac{\varepsilon}{2}}^{\frac{\pi}{2}} 1 \mathrm{d}x =$$

$$\left(\frac{\pi}{2} - \frac{\varepsilon}{2}\right) \sin^n\left(\frac{\pi}{2} - \frac{\varepsilon}{2}\right) + \frac{\varepsilon}{2}$$

现在，$\sin\left(\dfrac{\pi}{2} - \dfrac{\varepsilon}{2}\right)$ 是一个小于 1 的固定数，当 $n \to +\infty$ 时，

$\sin^n\left(\dfrac{\pi}{2} - \dfrac{\varepsilon}{2}\right) \to 0$. 所以有 N，当 $n > N$ 时，可使

$$\left(\frac{\pi}{2} - \frac{\varepsilon}{2}\right) \sin^n\left(\frac{\pi}{2} - \frac{\varepsilon}{2}\right) < \frac{\varepsilon}{2}$$

从而当 $n > N$ 时，有

$$0 \leqslant \int_0^{\frac{\pi}{2}} \sin^n x \, \mathrm{d}x < \frac{\varepsilon}{2} + \frac{\varepsilon}{2} = \varepsilon$$

故当 $n \to +\infty$ 时，$\displaystyle\int_0^{\frac{\pi}{2}} \sin^n x \, \mathrm{d}x \to 0$.

这个题用 Lebesgue 积分来做很简单，Lebesgue 积分里有两个命题：

(1) 当 $(\mathrm{R})\displaystyle\int_a^b f(x)\mathrm{d}x$ 存在时，有

$$(\mathrm{R})\int_a^b f(x)\mathrm{d}x = (\mathrm{L})\int_a^b f(x)\mathrm{d}x$$

(2) 若对 $x \in [a,b]$，$f_n(x)$ 都是 n 的增函数，则

$$\lim_{n \to +\infty}(\mathrm{L})\int_a^b f_n(x)\mathrm{d}x = (\mathrm{L})\int_a^b \lim_{n \to +\infty} f_n(x)\mathrm{d}x$$

对于这个题来说，就有

$$\lim_{n \to +\infty}(\mathrm{L})\int_0^{\frac{\pi}{2}}(1 - \sin^n x)\mathrm{d}x = (\mathrm{L})\int_0^{\frac{\pi}{2}} \lim_{n \to +\infty}(1 - \sin^n x)\mathrm{d}x = (\mathrm{L})\int_0^{\frac{\pi}{2}} 1\mathrm{d}x = \frac{\pi}{2}$$

故

$$\lim_{n \to +\infty}(\mathrm{R})\int_0^{\frac{\pi}{2}}(1 - \sin^n x)\mathrm{d}x = \lim_{n \to +\infty}(\mathrm{L})\int_0^{\frac{\pi}{2}}(1 - \sin^n x)\mathrm{d}x = \frac{\pi}{2}$$

即

$$\lim_{n \to +\infty}(\mathrm{R})\int_0^{\frac{\pi}{2}} \sin^n x \, \mathrm{d}x = 0$$

这里"$\displaystyle\int$"号前的 (L) 或 (R) 表示这积分是 Lebesgue 积分或 Riemann

积分(即通常高等数学里的定积分).

98. 最好学点 Laplace 积分变换

非齐次线性常系数微分方程用待定系数法或 Lagrange 常数变易法求解都很麻烦,而用一种叫 Laplace 积分变换方法,简称 L 变换方法去解却很方便.下面先介绍 L 变换的定义及基本性质.

设 $f(t)$ 是一个给定的在 $[0,+\infty)$ 上准分段连续函数(即在任何 $\langle 0,R \rangle$ 上分段连续的函数),且 $|f(t)| \leqslant Me^{at}$(称 $f(t)$ 缓增,其中 M,α 是常数,α 称其缓增指数),则 $\int_0^{+\infty} f(t)e^{-pt}dt$,当 $p>\alpha$ 时存在,它的值随 p 之值而唯一确定,是一个 p 的函数 $F(p)$,即

$$\int_0^{+\infty} f(t)e^{-pt}dt = F(p)$$

称 $F(p)$ 为 $f(t)$ 的 L 变象,记作 $F(p)=L\{f(t)\}$,而称 $f(t)$ 为 $F(p)$ 之逆 L 变象,记作 $f(t)=L^{-1}\{F(p)\}$.从一个函数求其 L 变象,就叫做对这个函数进行 L 变换.

定义 $f(t)$ 之 L 变象,与 $t<0$ 时,$f(t)$ 之值无关,为了简便,我们恒规定,当 $t<0$ 时,$f(t)=0$,而不再作申明.

例 1   求 $L\{e^{at}\}$,$L\{\sin bt\}$,$L\{\cos bt\}$,$L\{1\}$,$L(t)$.

解 $L\{e^{at}\} = \int_0^{+\infty} e^{at} \cdot e^{-pt}dt = \lim_{b' \to +\infty} \int_0^{b'} e^{-(p-a)t}dt = \dfrac{1}{p-a}$ $(p>a)$

$L\{\sin bt\} = \int_0^{+\infty} \sin bt \cdot e^{-pt}dt = \lim_{b' \to +\infty} \int_0^{b'} \sin bt \cdot e^{-pt}dt = \dfrac{b}{p^2+b^2}$

$(p>0)$

$L\{\cos bt\} = \int_0^{+\infty} \cos bt \cdot e^{-pt}dt = \lim_{b' \to +\infty} \int_0^{b'} \cos bt \cdot e^{-bt}dt = \dfrac{p}{p^2+b^2}$

$(p>0)$

$L\{1\} = \int_0^{+\infty} 1 \cdot e^{-pt}dt = \lim_{b' \to +\infty} \int_0^{b'} e^{-pt}dt = \dfrac{1}{p}$ $(p>0)$

$$L\{t\} = \int_0^{+\infty} t \cdot e^{-pt} dt = \lim_{b' \to +\infty} \int_0^{b'} te^{-pt} dt = \frac{1}{p^2} \ (p > \varepsilon > 0)$$

现在再看 L 变换的两个基本性质：

线性性质　若 $f_1(t), f_2(t)$ 都在 $(0, +\infty)$ 上准分段连续,且都缓增,则 $c_1 f_1(t) + c_2 f_2(t)$ 在 $[0, +\infty)$ 上也准分段连续,且缓增. 且

$$L\{c_1 f_1(t) + c_2 f_2(t)\} = c_1 L\{f_1(t)\} + c_2 L\{f_2(t)\}$$

证　很明显, $c_1 f_1(t) + c_2 f_2(t)$ 在 $[0, +\infty)$ 是准分段连续的,下面只证它是缓增的.

设 $|f_1(t)| \leqslant M_1 e^{\alpha_1 t}$, $|f_2(t)| \leqslant M_2 e^{\alpha_2 t}$, 于是

$$|c_1 f_1(t) + c_2 f_2(t)| \leqslant |c_1||f_1(t)| + |c_2||f_2(t)| \leqslant$$
$$|c_1| M_1 e^{\alpha_1 t} + |c_2| M_2 e^{\alpha_2 t} \leqslant$$
$$(|c_1| M_1 + |c_2| M_2) e^{\alpha t}$$
$$(\alpha = \max\{\alpha_1, \alpha_2\})$$

$$L\{c_1 f_1(t) + c_2 f_2(t)\} = \int_0^{+\infty} [c_1 f_1(t) + c_2 f_2(t)] e^{-pt} dt =$$
$$c_1 \int_0^{+\infty} f_1(t) e^{-pt} dt + c_2 \int_0^{+\infty} f_2(t) e^{-pt} dt =$$
$$c_1 L\{f_1(t)\} + c_2 L\{f_2(t)\} \quad (p > \alpha)$$

微分性质　若 $f(t)$ 在 $[0, +\infty)$ 上连续、缓增, $f'(t)$ 在 $[0, +\infty)$ 上准分段连续、缓增,则

$$L\{f'(t)\} = pL\{f(t)\} - f(0)$$

证　根据强化分部积分公式,可得

$$L\{f'\{t\}\} = \int_0^{+\infty} f'(t) e^{-pt} dt = \lim_{b' \to +\infty} \int_0^{b'} f'(t) e^{-pt} dt =$$
$$\lim_{b' \to +\infty} \left[f(t) e^{-pt} \Big|_0^{b'} + \int_0^{b'} f(t) p e^{-pt} dt \right] =$$
$$-f(0) + pL\{f(t)\}$$

$$\left(\text{因} \lim_{b' \to +\infty} |f(b')| e^{-pb'} \leqslant \lim_{b' \to +\infty} M e^{(\alpha' - p)b'} = 0, p > \alpha' \right)$$

这个性质还可推广：若 $f(t), f'(t)$ 在 $[0, +\infty)$ 上连续、缓增, $f''(t)$ 在 $[0, +\infty)$ 上准分段连续、缓增,则

$$L\{f''(t)\} = pL\{f'(t)\} - f'(0) = p[pL\{f(t)\} - f(0)] - f'(0) =$$
$$p^2 L\{f(t)\} - pf(0) - f'(0)$$

等等.

用 L 变换解线性常系数微分方程的方法很简单.

设我们要求的解满足线性性质及微分性质所需条件,将微分方程的两边都进行 L 变换,就可得出 $L\{y(t)\} = Y(p)$ 所要满足的一个方程. 不过它是 $Y(p)$ 的一个线性代数方程,很容易求出 $Y(p)$,再求 $L^{-1}\{Y(p)\}$ 就得出 $y(t)$.

例 2　试求 $y'' + y = t$ 满足 $y\mid_{t=0} = 1, y'\mid_{t=0} = 3$ 之解.
(我爱用二阶线性常系数微分方程举例,是因为这种方程在机械振动及电路中最常出现,其实这种方法也完全可以用来解高阶线性常系数微分方程.)

解　取微分方程两端之 L 变象,得

$$L\{y'' + y\} = L\{t\}$$

利用 L 变换的基本性质及初始条件得

$$p^2 Y(p) - p - 3 + Y(p) = \frac{1}{p^2}$$

因为

$$Y(p) = \frac{1}{p^2(p^2+1)} + \frac{p+3}{p^2+1} = \frac{1}{p^2} - \frac{1}{p^2+1} + \frac{p}{p^2+1} + \frac{3}{p^2+1} =$$
$$\frac{1}{p^2} + \frac{p}{p^2+1} + \frac{2}{p^2+1}$$

所以

$$y = L^{-1}\{Y(p)\} = L^{-1}\left\{\frac{1}{p^2} + \frac{p}{p^2+1} + \frac{2}{p^2+1}\right\} =$$
$$t + \cos t + 2\sin t$$

所以用 L 变换解线性常系数微分方程是很方便的,也是工程技术界早已采用了的,并且 L 变换衍生出来的一些知识在电路学中也是非常有用的. 20 世纪末,江泽民同志访美时,去看望他 40 年代的电工课老师顾毓琇教授时,还特别回忆了当时学运算微积的情景,那时

的运算微积,稍后就改成了现在的 L 变换.

我是很赞成在常微分方程这一章里尽量挤出些时间来讲些 L 变换的,并且还要把它放在第一学期学了积分之后就讲,这样不仅能帮助同学巩固所学积分知识,还可以使 L 变换在上第二学期学物理课时就派上用场.

99. 基本解和卷积定理

线性常系数微分方程的求解理论中,有两个内容特别重要,一个是基本解,另一个是卷积定理.

什么是线性常系数微分方程的基本解呢? 我们仍以二阶线性常系数微分方程为例来证明.

设有线性常系数微分方程 $ay'' + by' + cy = f(t)$,其中 $a \neq 0$.

我们把

$$ay'' + by' + cy = 0, \quad y\,|_{t=0} = 0, \quad y'\,|_{t=0} = \frac{1}{a}$$

之解称为此线性常系数微分方程的基本解,它可以用 L 变换求得. 在微分方程两端作 L 变换,并利用初始条件,得

$$a\left\{ p^2 L\{y\} - \frac{1}{a} \right\} + bp L\{y\} + c L\{y\} = 0$$

故

$$L\{y\} = \frac{1}{ap^2 + bp + c}$$

$$y = L^{-1}\left\{ \frac{1}{ap^2 + bp + c} \right\}$$

它就是基本解,通常记之为 $g(t)$,亦即

$$g(t) = L^{-1}\left\{ \frac{1}{ap^2 + bp + c} \right\}$$

例 1　试求 $y'' + y = f(t)$ 之基本解.

解　用 L 变换来求 $y'' + y = 0, y\,|_{t=0} = 0, y'\,|_{t=0} = 1$ 之解.

立即可得基本解

$$g(t) = \sin t$$

更详细地讲

$$g(t) = \begin{cases} \sin t, & t > 0 \\ 0, & t < 0 \end{cases}$$

现在我们再来讲一讲卷积定理.

卷积定理　若在$[0, +\infty]$上准分段连续且缓增的函数 $f(t)$，$g(t)$ 之 L 变象分别为 $F(p)$，$G(p)$，则 $L^{-1}\{F(p)G(p)\}$ 存在且为 $\int_0^t f(\tau)g(t-\tau)\mathrm{d}\tau$. 这里的 $\int_0^t f(\tau)g(t-\tau)\mathrm{d}\tau$ 就称为 $f(t)$ 与 $g(t)$ 之卷积，记作 $f(t) * g(t)$. 而 $L^{-1}\{F(p)G(p)\} = f(t) * g(t)$ 就称为卷积公式. 卷积公式也可写成 $F(p)G(p) = L\{f(t) * g(t)\}$.

例 2　试证：若 $y(t)$ 在 $[0, +\infty)$ 上准分段连续、缓增，则

$$L\left\{\int_0^t y(\tau)\mathrm{d}\tau\right\} = \frac{1}{p} L\{y(t)\}$$

证　由于

$$L^{-1}\left\{\frac{1}{p}\right\} = 1, \quad L^{-1}\{L\{y(t)\}\} = y(t)$$

故

$$L^{-1}\left\{\frac{1}{p}\{y(t)\}\right\} = 1 * y(t) = \int_0^t y(\tau) \times 1\mathrm{d}\tau = \int_0^t y(\tau)\mathrm{d}\tau$$

或即

$$\frac{1}{p}L\{y(t)\} = L\left\{\int_0^t y(\tau)\mathrm{d}\tau\right\}$$

例 3　试证 $ay'' + by' + cy = f(t), y\big|_{t=0} = 0, y'\big|_{t=0} = 0$ 之解.

$$y = f(t) * g(t) = \int_0^t f(\tau)g(t-\tau)\mathrm{d}\tau$$

（设 $f(t)$ 在 $[0, +\infty)$ 上准分段连续、缓增）

证　方程两端都作 L 变换，并用初始条件，得

$$ap^2 L\{y\} + bpL\{y\} + cL\{y\} = L\{f(t)\}$$

故

$$L\{y\} = \frac{1}{ap^2 + bp + c} L\{f(t)\}$$

但 $\quad L^{-1}\left\{\dfrac{1}{ap^2 + bp + c}\right\} = g(t), \quad L^{-1}\{L\{f(t)\} = f(t)$

故 $\quad y = f(t) * g(t) = \displaystyle\int_0^t f(\tau) g(t - \tau) \mathrm{d}\tau$

100. Dirac 函数 $\delta_0(t)$ 及强 Laplace 变换(强 L 变换)

在早期工程数学里有一门"积分变换"的课,还有它的教学大纲,其中主要是讲 L 变换.后来修订工科教学的基本要求时,才把这门课给去掉了.其原因有二:① 数学课的总学时太紧,② 有些内容主要是通过 Dirac 函数 $\delta_0(t)$ 求基本解的方法,数学教师讲不清楚,不如让专业课教师去讲.原来,在 20 世纪捷克的电气工程师 Dirac 搞了一个通过 $\delta_0(t)$ 求微分方程基本解的方法,我们仍以 $ay'' + by' + cy = f(t)$ 为例来说明这种求解方法.

Dirac 认为 $\delta_0(t)$ 是单位阶跃函数

$$H_0(t) = \begin{cases} 1, & t > 0 \\ 0 & t < 0 \end{cases}$$

的导数,并且 $L\{\delta_0(t)\} = 1$. 然后他将微分方程右端的 $f(t)$ 换成 $\delta_0(t)$,得 $ay'' + by' + cy = \delta_0(t)$,再用 L 变换求

$$ay'' + by' + cy = \delta_0(t), \quad y\big|_{t=0} = 0, \quad y'\big|_{t=0} = 0$$

之解,即可得出

$$ay'' + by' + cy = f(t)$$

之基本解.因为取 L 变换且用初始条件,就可从方程得到

$$ap^2 L\{y\} + bp L\{y\} + c = 1$$

所以 $\quad L\{y\} = \dfrac{1}{ap^2 + bp + c}$

$$y = L^{-1}\left\{\frac{1}{ap^2 + bp + c}\right\}$$

为基本解 $g(t)$.

这个方法简便易用,并且从电学模拟可以近似地证实结果的正确性.因此,工程界都喜欢用它,但数学界一直对这个方法有争议:因为 $H'_0(t) = \begin{cases} 0, & t > 0 \\ 0, & t < 0 \end{cases}$,所以 $L\{H'_0(t)\} = \int_0^{+\infty} 0e^{-pt} \, dt = 0$,怎么能是 1 呢?为此,数学界进行了近一个世纪的无补解释,但却没有注意到 Dirace 的方法,还犯有另一个错误,这就是他提出了一个基本解所不能满足的初始条件 $y'|_{t=0} = 0$.如果求解 $ay'' + by' + cy = \delta_0(t)$ 时,取消这个不合理的初始条件 $y'|_{t=0} = 0$,就可避免 Dirac 方法的第一个错误;如果将 L 变换换成与之类似的强 L 变换,使 $\delta_0(t)$ 之强 L 变换确实为 1,就可避免 Dirac 方法的第二个错误,从而很容易地在 Dirac 方法的框架下,正确地求出基本解.我就是这么做的.

下面就来讲什么叫强 L 变换.

设 $y(t)$ 在 $[0, +\infty)$ 上准分段连续、缓增且当 $t < 0$ 时,$y(t) = 0$,我们把 p 乘以 $y(t)$ 的一个特别指定的广义原函数 $z(t)$ 之 L 变换称为 $y(t)$ 之强 L 变换,并记之为 $L^s\{y(t)\}$.(这里要求当 $t < 0$ 时,$z(t) = 0$).当 $z(t)$ 未特别指定时,它就是连续的广义原函数,即 $z(t) = \int_0^t y(t) \, dt$.由于 Dirac 还没有广义原函数的概念,他不可能说一个函数的广义原函数是什么函数,但他独提出了 $\delta_0(t)$ 是 $H'_0(t)$ 而不是 $0', 2H'_0(t), 3H'_0(t), \cdots$ 可见他的意思是 $\delta_0(t)$ 的广义原函数是 $H_0(t)$,只是不能表达出来而已.把这点挑明了说,即 $\delta_0(t)$ 的广义原函数指定为 $H_0(t)$.由于他也确实没有再谈及其他函数的广义原函数,所以,我们就有

$$L^s\{\delta_0(t)\} = pL\{H_0(t)\} = p \cdot \frac{1}{p} = 1$$

而对其他的 $y(t)$,则有

$$L^s\{y(t)\} = pL\left\{\int_0^t y(t) \, dt\right\} = p \cdot \frac{1}{p} L\{y(t)\} = L\{y(t)\}$$

强 L 变换有线性性质,即
$$L^s\{c_1 y_1(t) + c_2 y_2(t)\} = c_1 L^s\{y_1(t)\} + c_2 L^s\{y_2(t)\}$$
这里,$c_1 y_1(t) + c_2 y_2(t)$ 之指定广义原函数为 $c_1 y_1(t)$ 之指定广义原函数 $+ c_2 y_2(t)$ 之指定广义原函数.

现在,我们就可以在 Dirac 方法的框架下,正确地求
$$ay'' + by' + cy = f(t)$$
之基本解了.

将方程右端之 $f(t)$ 换成 $\delta_0(t)$,并去掉一个基本解不能满足的初始条件 $y'|_{t=0} = 0$,再用强 L 变换来解.
$$ay'' + by' + cy = \delta_0(t), \quad y|_{t=0} = 0$$

我们指定 $y''(t)$ 之广义原函数为 $y'(t)$,$y'(t)$ 之广义原函数为 $y(t)$,而不特别指定 $y(t)$ 之广义原函数.对方程之两边作强 L 变换,就得
$$apL\{y'\} + bpL\{y\} + cL^s\{y\} = 1 \tag{1}$$
但 $y|_{t=0} = 0$,故 $apL\{y'\} = ap^2 L\{y\}$;y 之广义原函数未特别指定,故 $L^s\{y\} = L\{y\}$,故式(1)即为
$$ap^2 L\{y\} + bpL\{y\} + cL\{y\} = 1$$
所以
$$L\{y\} = \frac{1}{ap^2 + bp + c}$$
即
$$y = L^{-1}\left\{\frac{1}{ap^2 + bp + c}\right\}$$
为基本解(当 $t < 0$ 时,$y = 0$).

例 试用 Dirac 方法,求
$$y'' + y = \sin t$$
之基本解.

解 将 $\sin t$ 变换成 $\delta_0(t)$,得 $y'' + y = \delta_0(t)$,用强 L 变换来解

$y'' + y = \delta_0(t)$, $y|_{t=0} = 0$ 之解. 设 y'' 之广义原函数为 y', y 之广义原函数为 y, 而 y 之广义原函数不特别指定, 即可得到

$$pL\{y'\} + L\{y\} = 1$$

由初始条件, 得

$$p^2 L\{y\} + L\{y\} = 1$$

故 $y = L^{-1}\left\{\dfrac{1}{p^2 + 1}\right\} = \sin t$ 为基本解 (当 $t < 0$ 时, $y = 0$).